面向新型电力系统的灵活性评估与优化

冯长有　孙伟卿　秦艳辉　著

北　京
冶金工业出版社
2021

内 容 提 要

本书系统阐述了灵活性的概念与特性，从源、网、荷、储以及电力市场五个层面对电力系统中的灵活性资源展开分析，介绍了经典的灵活性评价方法并提出更为全面的指标体系，并从规划和运行两个方面给出可行的灵活性解决方案。

本书可供电力系统灵活性领域相关研究人员阅读，也可供电力专业高校师生参考。

图书在版编目(CIP)数据

面向新型电力系统的灵活性评估与优化/冯长有，孙伟卿，秦艳辉著.—北京：冶金工业出版社，2021.12

ISBN 978-7-5024-9019-5

Ⅰ.①面… Ⅱ.①冯… ②孙… ③秦… Ⅲ.①电力系统—研究 Ⅳ.①TM7

中国版本图书馆 CIP 数据核字(2021)第 276297 号

面向新型电力系统的灵活性评估与优化

出版发行 冶金工业出版社　**电　话** (010)64027926
地　址 北京市东城区嵩祝院北巷 39 号　**邮　编** 100009
网　址 www.mip1953.com　**电子信箱** service@mip1953.com

责任编辑 曾 媛　美术编辑 彭子赫　版式设计 郑小利
责任校对 梅雨晴　责任印制 禹 蕊

北京建宏印刷有限公司印刷
2021 年 12 月第 1 版，2021 年 12 月第 1 次印刷
710mm×1000mm 1/16；9 印张；175 千字；136 页
定价 96.00 元

投稿电话 (010)64027932　投稿信箱 tougao@cnmip.com.cn
营销中心电话 (010)64044283
冶金工业出版社天猫旗舰店 yjgycbs.tmall.com
(本书如有印装质量问题，本社营销中心负责退换)

前　　言

进入21世纪以来，我国经济加速发展，国内能源需求量与消耗量也随之快速增长。虽然我国幅员辽阔，但国内化石燃料产量十分有限，难以满足自身需求，需要大量进口，能源对外依赖程度较高，面临着严峻的能源安全威胁。在不断加剧的气候变化和环境污染压力之下，实现能源消费清洁低碳化成为我国能源发展的战略目标。2020年9月，习近平总书记在第七十五届联合国大会一般性辩论上提出2030年实现碳达峰、2060年实现碳中和的伟大目标，对能源高质量发展提出了新要求；2021年3月在中央财经委员会第九次会议上进一步提出构建以新能源为主体的新型电力系统的未来发展方向，这意味着建设以新能源为主体的新型电力系统成为能源绿色低碳发展及转型的必然要求，也是我国实现“3060”双碳目标的重要途径。

我国风能、太阳能等可再生资源储量丰富，为新能源的快速发展创造了得天独厚的物质条件。截至2020年底，我国可再生能源发电装机占总装机的比重达到42.4%，可再生能源全年发电量占整体发电量的29.5%；2021年我国可再生能源发电装机规模突破10亿千瓦，其中风电和光伏发电容量均突破3亿千瓦，装机规模均位居世界首位。新能源的蓬勃发展无疑助力了新型电力系统的构建，推动了我国能源体系的清洁低碳化转变。然而在新能源主体地位确立的道路上，可再生能源的消纳矛盾日益凸显，电力系统灵活调节能力尚显不足，最直接的表现就是部分地区弃风弃光现象较为严重，数据显示2020年全国弃风弃光电量分别达到166亿千瓦时和52.6亿千瓦时。随着未来新能源占比的进一步提高，需要配置足够的调节能力以满足电力系统安全、经济、可靠运行的需要，灵活性将成为构建新型电力系统必须关注的核心内容和关键指标。

新能源的主体地位被确立后，传统的电力电量平衡模式被打破，电力生产中需要充分调动源网荷储以及市场各环节的灵活性资源用以应对新能源发电的不确定性，提升系统灵活性也成为解决可再生能源消纳问题最直接有效的方法。灵活性代表着系统供给需求状况，反映出调节能力的充裕水平，其存在于电力系统的方方面面，具有十分广阔的研究空间。针对灵活性这一当下研究的热点问题，本书在国内外相关研究基础上，结合我国新型电力系统的发展方向，对灵活性问题展开梳理，探讨了新型电力系统的灵活性特征和现有灵活性资源的调节特性，旨在对新型电力系统灵活性能力进行评估时提供参考，为新型电力系统灵活性规划和运行提供思路和方法。

本书既可作为电力系统专业的教学用书，也可作为电网专业技术人员的参考用书。书中部分内容参考了上海理工大学田坤鹏博士和杨策博士的学位论文，以及上海交通大学肖定垚硕士学位论文中的部分内容，在此一并表示感谢。

国网新疆电力有限公司电力科学研究院董雪涛、唐君毅、马星，上海理工大学硕士研究生尹向阳协助开展了本书的编撰工作，并对书稿做了校核。

由于作者水平所限，书中错误和不当之处在所难免，恳切期望得到各方面专家和广大读者的批评指正。

著　者

2022 年 5 月

目　　录

1 绪　论

1.1 背景

近年来，受全球气候变化和化石燃料短缺问题驱动，能源消费绿色低碳转型已经达成广泛共识，推动全球能源绿色低碳转型的基本框架正在形成，全球碳减排势在必行。数据显示，1850 年以来全球平均温度上升了 1.2℃，当今气候正以变暖为主要特征发生系统性变化，变暖趋势已成为客观事实，气候变暖给全球带来了一系列严重的环境生态问题，极端气候现象也随之增多，危及人类生存。在影响气候变化的众多因素中，人为因素成为对气候影响最大的因素。化石燃料燃烧等人类活动导致二氧化碳排放骤增，对全球碳循环造成不利影响。对此，超过97%的气候科学家认为“全球变暖存在，且人类活动极有可能是导致全球变暖的主要原因”。在人类因素主导气候变化的现实情况下，CO_2 排放成为气候变暖的最关键因素，控制气候变化与碳减排问题密不可分（图 1-1）。

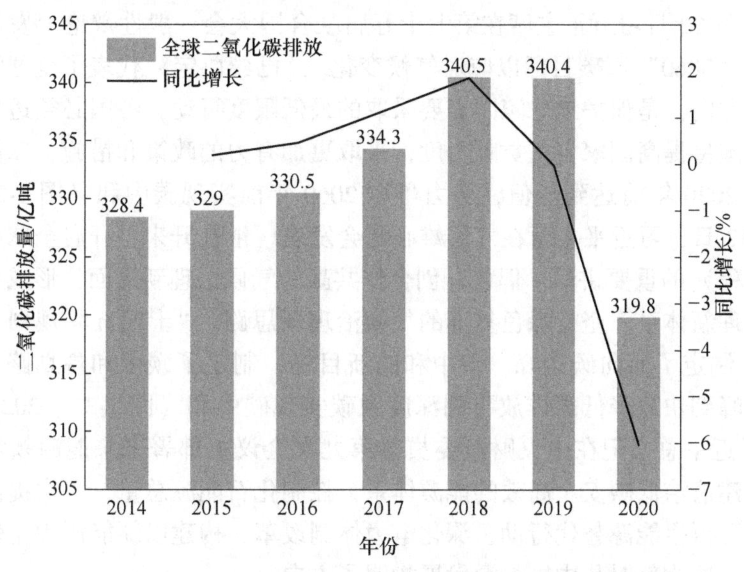

图 1-1　全球二氧化碳排放量

世界各国对气候恶化高度重视，1990—1994 年联合国推行《联合国气候变化框架公约》，启动了应对气候变化的国际制度；1995—2005 年《京都议定书》

问世，针对各国所提目标，制定出了具体且合理的时间表；2007—2010年，《哥本哈根协议》颁布，确立了2013—2020年国际气候制度；2011—2015年的《巴黎协定》基本确定了2020年后的国际气候制度，历史性地将排放达峰目标分配至各国，为全球应对气候变化行动“建章立制”；2019年联合国气候行动峰会顺利召开，多国政府制定绿色低碳转型战略，宣布到2050年实现净零碳排放。

作为二氧化碳排放最多的国家，针对气候变化等问题，中国顺应时代潮流，响应国际号召，积极应对气候变化，出台了一系列政策[1-9]。中国在“十一五”规划（2006—2010年）第一次提出节能减排概念，确定了能源强度目标，以高度负责的态度应对全球气候变化。2014年6月13日习近平总书记主持召开中央财经领导小组第六次会议，研究我国能源安全战略。会议期间，习近平发表重要讲话强调，能源安全是关系国家经济社会发展的全局性、战略性问题，对国家繁荣发展、人民生活改善、社会长治久安至关重要。面对能源供需格局新变化、国家能源发展新趋势，保障国家能源安全，必须推动能源生产和消费革命。随后制定的“十二五”规划（2011—2015年）明确了二氧化碳排放强度目标，彰显中国减排决心。2015年9月26日，习近平主席在联合国发展峰会发表题为《谋共同永续发展　做合作共赢伙伴》重要讲话，倡议探讨构建全球能源互联网，推动以清洁和绿色方式满足全球电力需求。“十三五”规划（2016—2020年）确定了能耗总量和能源强度的“双控”目标，助力清洁低碳安全高效的能源体系建设。2020年9月22日习近平主席在第七十五届联合国大会一般性辩论上发表重要讲话，提出“3060”双碳目标以应对气候变化。《巴黎协定》代表了全球绿色低碳转型的大方向，是保护地球家园需要采取的最低限度行动，各国必须迈出决定性步伐。中国将提高国家自主贡献力度，采取更加有力的政策和措施，二氧化碳排放力争于2030年前达到峰值，努力争取2060年前实现碳中和（图1-2）。2020年12月12日，习近平主席在气候雄心峰会发表《继往开来，开启全球应对气候变化新征程》的重要讲话，倡议开创合作共赢的气候治理新局面，形成各尽所能的气候治理新体系，坚持绿色复苏的气候治理新思路。“十四五”规划（2021—2025年）制定了面向碳达峰、碳中和的新目标，制定了碳中和规划路径——由碳排放达峰到快速降低碳排放再到深度脱碳实现碳中和（图1-3）。2021年3月15日，习近平总书记在中央财经委员会第九次会议上部署未来能源领域重点工作：要构建清洁低碳安全高效的能源体系，控制化石能源总量，着力提高利用效能，实施可再生能源替代行动，深化电力体制改革，构建以新能源为主体的新型电力系统，这为新时代中国能源发展指明了方向。

当今世界，资源短缺、环境污染以及全球气候变化等问题已积重难返，以非化石清洁能源占比为标志的第三次能源变革成为破解困局的关键。作为国际能源体系的重要组成部分，中国高度重视能源转型，并不断推进能源生产和消费革

2030目标
2060愿景
2020年提出
2030
目标
2015年提出
2020
目标
2009年提出
• 单位GDP二氧化碳排放较2005年下降40%~50%
• 非化石能源占一次能源消费比重达到15%左右
• 2030年左右碳排放达到峰值并争取尽早达峰
• 单位GDP二氧化碳排放较2005年下降60%~65%
• 非化石能源占一次能源消费比重达到20%左右
• 中国将提高国家自主贡献力度，采取更加有力的政策和措施，二氧化碳排放力争2030年前达到峰值，努力争取2060年前实现碳中和

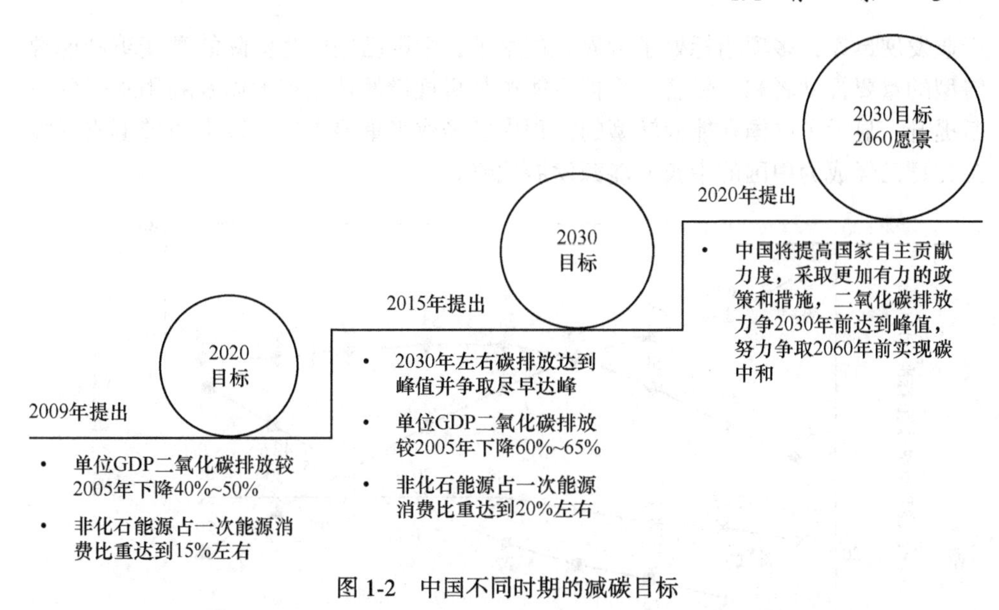

图 1-2　中国不同时期的减碳目标

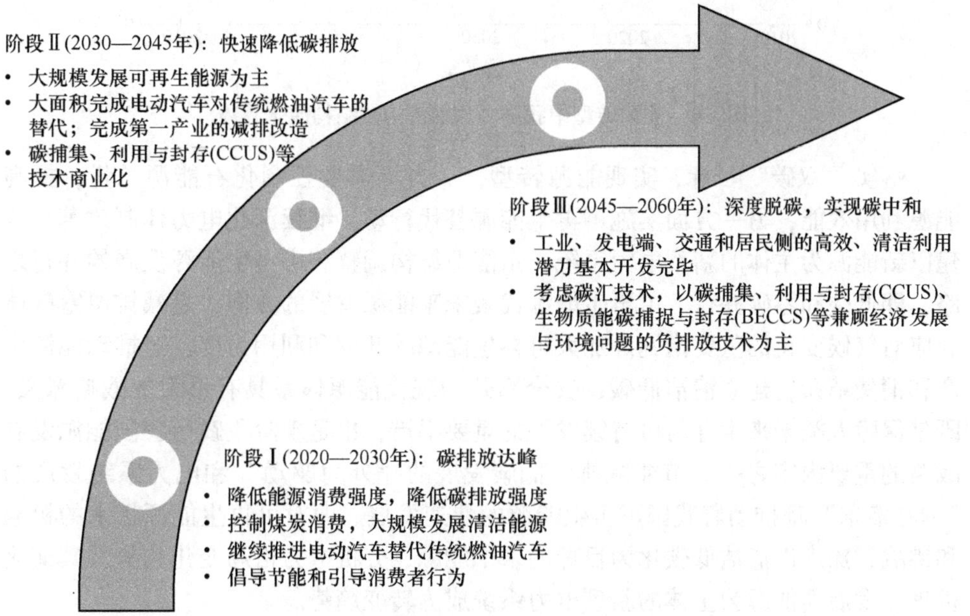

阶段Ⅱ(2030—2045年)：快速降低碳排放
• 大规模发展可再生能源为主
• 大面积完成电动汽车对传统燃油汽车的替代；完成第一产业的减排改造
• 碳捕集、利用与封存(CCUS)等技术商业化
阶段Ⅲ(2045—2060年)：深度脱碳，实现碳中和
• 工业、发电端、交通和居民侧的高效、清洁利用潜力基本开发完毕
• 考虑碳汇技术，以碳捕集、利用与封存(CCUS)、生物质能碳捕捉与封存(BECCS)等兼顾经济发展与环境问题的负排放技术为主
阶段Ⅰ(2020—2030年)：碳排放达峰
• 降低能源消费强度，降低碳排放强度
• 控制煤炭消费，大规模发展清洁能源
• 继续推进电动汽车替代传统燃油汽车
• 倡导节能和引导消费者行为

图 1-3　中国分阶段碳中和路径[10]

命，实施供给侧结构性改革，促进可再生能源的高效利用，以此助力经济社会发展全面绿色转型。国家发改委、国家能源局制定的《能源生产和消费革命战略(2016—2030)》指出，到 2030 年，我国非化石能源发电量占全部发电量的比重争取达到 50%，展望 2050 年，非化石能源消费占比超过一半（图 1-4）。得益于经济的高速增长、市场的不断扩大以及投入的不断增加，中国可再生能源技术与

产业发展迅速，多项指标处于世界先进水平，中国已经成为国际能源变革和能源转型的重要推动者和引领者。可再生能源装机规模的持续扩大以及利用水平的不断提升，显示了中国在能源转型的征程中已经取得重要进展，以电力转型支撑能源转型已经成为中国的中长期能源发展战略。

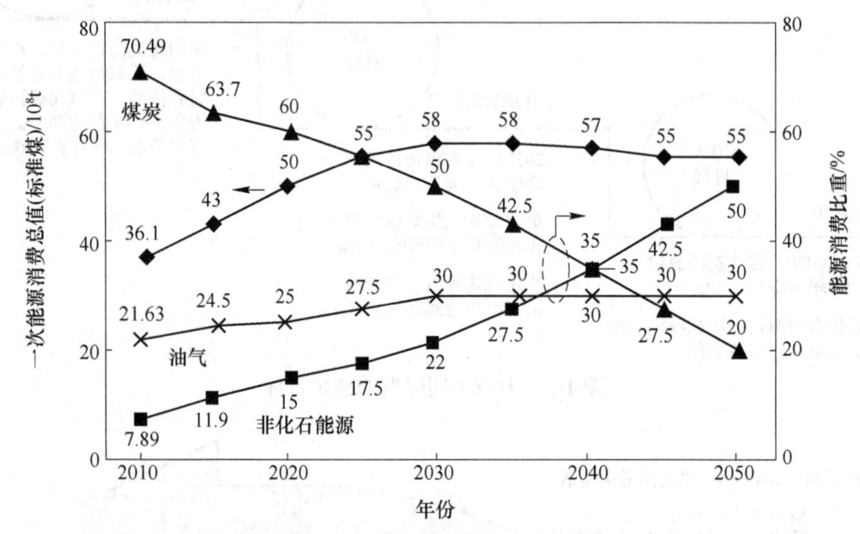

图 1-4　能源转型中我国一次能源消费结构演化趋势

落实“双碳”目标，实现能源转型，一方面需要控制化石能源总量，提高能源利用效能，另一方面实施可再生能源替代行动，继续深化电力体制改革，构建以新能源为主体的新型电力系统，走能源结构调整和可再生能源发展的并行之路，即低碳和零碳并行。可再生能源代表未来能源发展的方向，是减排温室气体和应对气候变化的重要措施。加大可再生能源的开发和利用力度，对推动能源生产和消费革命，建立清洁低碳、安全高效的现代能源体系具有重大的战略意义，既是保障人类未来生存与可持续发展的重要举措，也是现阶段践行我国能源发展战略的重要内容之一。节能减排、低碳发展的“外力驱动”和电力系统发展的“内在需求”都推动着我国可再生能源的快速发展。面对可再生能源带来的机遇和挑战，探索以清洁低碳化为目标的未来能源、分析电力格局变化趋势及其演化机理、发展新能源为主体的新型电力系统成为转变趋势。

国际经验教训表明，在发展高比例新能源的过程中，一些国家不同程度地遇到了“安全、经济、清洁”方面的风险挑战，面临难以破解的“既要、又要、还要”的“三难”乃至“多难”问题。与一些发达国家早已实现碳达峰、再经历 60~70 年时间从碳达峰向碳中和过渡相比，我国碳达峰、碳中和的速度更快、力度更大、任务更艰巨。因此，要保持战略定力和稳健节奏，充分吸取国际经验教训，未雨绸缪，周密谋划，努力破解问题、避免风险，走出一条适合我国国情的、以新能源为主体的新型电力系统发展之路。

在能源消费清洁低碳化的进程中，电力占据着能源体系的主导地位，同时电力系统发展面临着艰巨任务。考虑到我国各类非化石能源资源禀赋以及开发利用的技术经济性，大力发展新能源成为必然选择。2021 年 3 月 1 日，国家电网公司发布《国家电网公司“碳达峰、碳中和”行动方案》，旨在构建现代电力系统体系，持续推进碳减排工作[11]。在电力系统中大力发展可再生能源、提高电能在终端消费中的比重是实现“双碳”目标的重要保证，可以预见电力系统的结构形态将从高碳电力系统向深度低碳或零碳电力系统转变，构建以新能源为主体的新型电力系统已经成为引领电力绿色低碳发展及转型的重大举措。

1.2 新型电力系统发展现状

建设以新能源为主体的新型电力系统，既是能源电力转型的必然要求，也是实现碳达峰、碳中和目标的重要途径。如今电力系统已更迭两代[12]：20 世纪前半期兴起的第一代电力系统以交流发电和输配电技术为主导，呈现出小机组、低电压、小电网的特点，属于电力系统发展的初级阶段。随着电网的规模化发展，20 世纪后半期的第二代电力系统已经具备了大机组、超高压、大电网的特征，在带来巨大经济效益的同时消耗了大量的化石燃料，已经成为不可持续的发展模式。而中国要建设的新型电力系统则是以新能源为供给主体，在满足不断增长的清洁用电需求的同时，维持自身的可持续发展，具备高度的安全性、开放性、适应性。表 1-1 对不同时期电力系统的技术经济特性进行了比较[13]。

表 1-1 第一代、第二代和新一代电力系统技术经济特征比较

比较内容	第一代电力系统	第二代电力系统	新一代电力系统
电源结构及单机容量	机组容量不超过 10 万~20 万千瓦	化石能源为主的电源结构，大机组容量达到 30 万~100 万千瓦	清洁能源发电占较大比重，大型骨干电源与分布式电源相结合
电网规模及结构模式	城市电网，孤立电网和小型电网	分层分区机构的大型互联电网	主干输电网与地方电网、微电网相配合
输电电压及输电方式	220kV 级及以下输电和配电	330kV 级及以上超高压交流、直流输电，主要是架空输电方式	大容量、低损耗、环境友好的输电方式
调度方式	经验型调度	分析型调度，适应负荷变化的电源侧能量管理系统	智能型调度，适应可再生能源电力变化和负荷变化的综合能量管理系统
用电方式	被动型用电	被动性用电，单一的电力服务	主动型用电，用户广泛参与电网调节；向用户提供能源和信息综合服务

续表 1-1

比较内容	第一代电力系统	第二代电力系统	新一代电力系统
效率	电厂能耗率、线损率高	发电和电网效率较高	采用经济高效的清洁能源发电设备及新型输配电技术和装备，发电和电网效率大幅提升
对环境的影响	电厂污染排放严重	常规污染排放基本解决，但以化石能源发电为主，碳排放量大	化石能源消耗大幅降低，碳排放大幅降低
安全可靠性	电网安全和供电可靠性低	电网安全和供电可靠性大幅提高，但大电网事故风险依然存在	供电可靠性大幅提高，基本排除用户的意外停电风险
经济性和资源优化配置能力	小机组、小电网经济性差，资源优化配置能力差	充分利用大机组大电网的规模经济性，大范围的资源优化配置能力	大型集中式和分布式清洁电力相结合，基于先进传感、通信、控制、计算等实现资源智能优化配置
管理模式	粗放的经营管理	发、输、配垂直集中管理，后期引入电力市场机制	市场化的管理模式，充分调动电网、用户参与各方的积极性

新型电力系统是以承载实现碳达峰碳中和，贯彻新发展理念、构建新发展格局、推动高质量发展的内在要求为前提，确保能源电力安全为基本前提，以满足经济社会发展电力需求为首要目标，以最大化消纳新能源为主要任务，以坚强智能电网为枢纽平台，以源网荷储互动与多能互补为支撑，具有清洁低碳、安全可控、灵活高效、智能友好、开放互动基本特征的电力系统。新型电力系统在安全性方面，各级电网协调发展，多种电网技术相互融合，广域资源优化配置能力显著提升；电网安全稳定水平可控、能控、在控，有效承载高比例的新能源、直流等电力电子设备接入，适应国家能源安全、电力可靠供应、电网安全运行的需求。在开放性方面，新型电力系统的电网具有高度多元、开放、包容的特征，兼容各类新电力技术，支持各种新设备便捷接入需求；支撑各类能源交互转化、新型负荷双向互动，成为各类能源网络有机互联的枢纽。在适应性方面，新型电力系统的源网荷储各环节紧密衔接、协调互动，通过先进技术应用和控制资源池扩展，实现较强的灵活调节能力、高度智能的运行控制能力，适应海量异构资源广泛接入并密集交互的应用场景。

在当前全球能源转型、环境污染和气候变化的大环境下，大力发展可再生能源成为世界各国实现可持续发展的重大需求，这与中国电力系统的发展方向不谋而合。继提出构建适应高比例可再生能源发展的新型电力系统之后，中央财经委员会第九次会议明确表示，构建以新能源为主体的新型电力系统，确立了新能源在未来电力系统中的主体作用，这是国家对未来电力系统所做的定位，可以预见在不久的将来，可再生能源在电力系统中必将逐步由替代能源成为主导能源，对整个能源产业链产生深远影响。

作为能源消费大国，我国可再生能源的发展，以风电和光伏为代表，正在由分散、小规模开发、就地消纳的方式向大规模、高集中开发和远距离、高电压输送方向快速发展。随着风力、光伏发电产业的快速发展，新能源大量替代传统火电，风力、光伏发电装机量持续增加，在总发电装机容量中的占比不断提高，呈现出爆发式增长。2010—2015年光伏发电装机容量增长100倍，2015年后每年装机量接近翻倍增长，截至2020年底，我国风电装机达到2.81亿千瓦，光伏发电装机2.53亿千瓦。未来，可再生能源发电量占比仍将逐步提高，预计2040年超过50%，2050年超过60%，逐步成为电力系统第一大主力电源（图1-5和图1-6）[14]。可再生能源与传统能源相比，它们具有建设周期短、间歇性、不确定性强、能量密度低等特点；另外，它们的电力输出只能控制在有限的范围内，并伴有很强的随机性，大规模的可再生能源接入电网，既给电力系统带来了机遇，也带来了挑战。

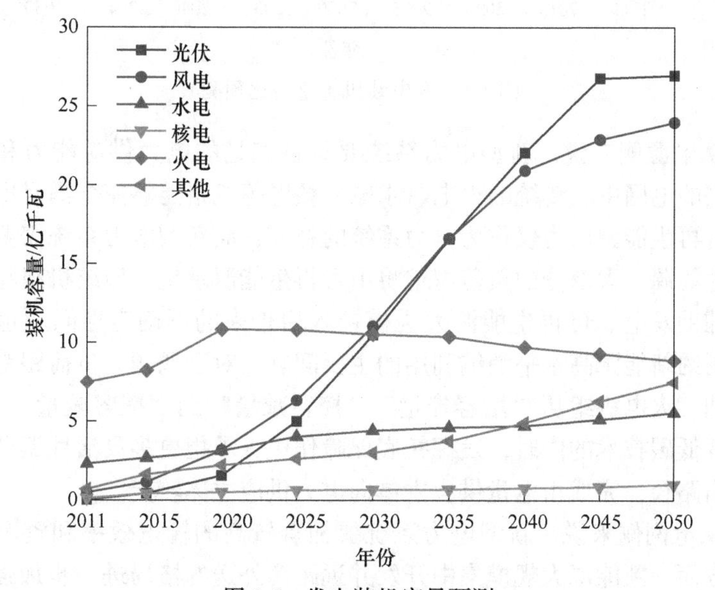

图1-5 发电装机容量预测

目前在我国新基建形势下，风电、光伏大规模建设，特高压交直流跨省区互联进一步发展，以电力电子装置为接口的可再生能源比例持续提升，导致电力系统的结构和运行方式等业态将产生根本性的变化。电力系统的特征更加显现：高比例可再生能源接入、高度电力电子化，以及高度信息化（“三高”）成为电力系统的新型特征。此外，为了实现碳减排，碳交易/碳金融市场应运而生，新能源与能效技术也得到快速发展。为构建适应能源转型目标的以新能源为主体的新型电力系统，需要对现有电力系统进行改造升级和发展更多类型的灵活电源，具体措施包括：

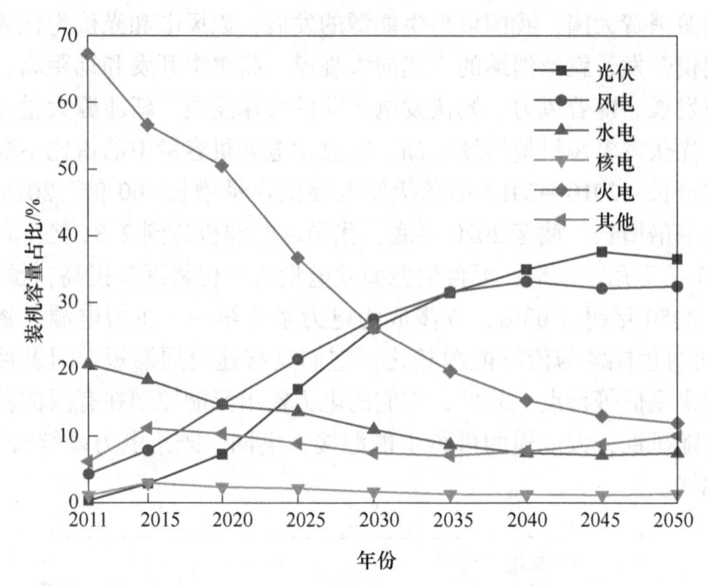

图 1-6 发电装机容量占比预测

（1）从电源侧来说，新型电力系统要具备充足的电力供应能力和有功调节能力。以往的电网中，传统的火电、水电、核电等机组能够完全满足电力电量平衡要求，可再生能源出力仅作为电力系统的补充；而新型电力系统需要接入高比例的可再生能源，大部分的负荷需求将由可再生能源承担，传统机组将由主力发电转变为辅助发电。可再生能源大规模接入后带来的不确定性问题也将更加突出，成为制约新能源高水平消纳利用的主要问题，对于调频、负荷跟踪能力的需求大大增加。火电机组从“增容控量”“控容减量”到“减容减量”，在充分应用碳捕集等低碳技术的同时，发挥托底保障作用，承担更多灵活性调节功能，科学谋划退出路径，完成由电量供应主体向电力供应主体转变。

（2）从电网侧来说，新型电力系统要拥有较高的输电效率和资源优化配置能力。一方面，新能源大规模集中开发并远距离外送的格局进一步加强，以跨区输送可再生能源成为重要的电能传输方式。规模化地新能源接入和柔性输电技术的广泛应用使电网呈现高度电力电子化的特点，动态特性发生深刻变化，安全稳定机理愈发复杂，对系统稳定运行提出新的挑战。另一方面，原有的集中化电网将逐渐不再适用于新型电力系统，海量小型、分散的分布式电源将使电网呈现扁平化、分布化特点，配电网应与分布式、微电网发展相适应，促进电、冷、热、气等多能互补与协调控制，满足分布式清洁能源并网、多元负荷用电的需要，促进终端能源消费节能提效。

（3）从负荷侧来说，新型电力系统要提高电能替代广度深度和全面拓展电力消费模式。提高以电能为中心的能源系统电气冷热多元聚合互动能力，增强能效。耦合新型负荷和多元化储能设备，实现负荷分类可控高效管理，引导各类负荷资源参与需求响应，提高能源利用效率，发挥负荷侧的灵活调节能力，增强源荷互动活力。

（4）从储能侧来说，新型电力系统要发展广域协同的储能形态和高效经济的储能技术。储能因其具有能够将电能的生产和消费从时间和空间上分隔开来的能力，创造了能源共享的基础条件，其本身的强可控性可以为电力系统的调节能力进行有力补充。新型储能技术将成为构建新型电力系统的重要基础，有望在电网主动可调、安全支撑等方面发挥关键作用。

新型电力系统对电力生产的各个环节提出了新的要求，明确了源网荷储的未来发展方向，但新型电力系统的构建绝不是一蹴而就的，在电力系统的转型升级过程中涉及相关物质基础和技术基础持续深刻变化，存在着诸多困难挑战。就目前而言，能源电力行业技术资金密集，已形成的庞大存量资产不可能“推倒重来”，应采取渐进过渡式发展方式，循序渐进构建新型电力系统。具体而言，就是推进新能源体系清洁低碳发展，稳步推进水电发展，安全发展核电，加快光伏和风电发展，完善清洁能源消纳长效机制，推动低碳清洁能源替代高碳能源、可再生能源替代化石能源。

在近期，新能源快速发展的需求较为迫切，亟需成熟、经济、有效的技术与产品方案来应对相应挑战；着眼远期，当前电力系统的物质基础、技术基础难以匹配新型电力系统的需求，应在大规模储能、高效电氢转换、CCUS(碳捕集、利用与封存)、纯直流组网等颠覆性技术方面尽快取得突破，不同的技术将导向不同的电力系统形态，未来发展路径存在较大的不确定性。为此，近期应重点挖掘成熟技术的潜力，支撑新能源快速发展，同步开展颠覆性技术攻关；远期在颠覆性技术取得突破后，推动电力系统逐步向适应颠覆性技术的新形态转型。而在传统电力系统向新型电力系统转型的过渡阶段，电力行业可从以下方面出发，助力新型电力系统建设发展[15,16]：

（1）推动火电角色转变。伴随着新能源机组占比的不断提升，火电由主要的电力供应者逐步过渡为兜底保障者。火电机组的陆续退出将会给发电企业带来较大的经济影响，同时也会引起工作岗位减少等社会问题。政府和相关企业应加强宣传和引导，并制定合理政策和措施，加快淘汰落后火电产能，妥善分流和安置电厂员工，以较小经济损失推动火电机组平稳关停。“十四五”电力发展规划指出要严控煤电总量，2025 年达到峰值 11 亿千瓦，对于转型过程中的新建火电规划项目，应当防范其产能过剩风险，并完善碳排放市场交易机制，压缩火电机组存有空间，在控制煤炭退出节奏的同时，提升煤炭清洁高效利用水平，推动新型电力系统构建进程。

（2）支持分布式电源发展。在未来新型电力系统的构建中，为缓解大电网供电调度压力，规模化的分布式可再生电源并网将成为重要途径。政府和电网应针对推动分布式可再生电源并网制定相关鼓励政策。既要保证用户侧电源的效益，推动分布式电源的发展，以缓解主网压力；也要协调好各阶段补贴扶持的力度，使分布式电源的占比和政府补贴支出都在合理范围内。同时，应推动分布式能源参与配电网层面的电力交易，调动用户侧灵活性，以减弱分布式发电造成的不确定性影响。

(3) 可再生能源激励政策合理化。在发展新型电力系统的初期，通过高上网电价、补贴资金等政策能够快速推动系统可再生能源渗透率提升。然而，当系统已含有一定比例的可再生能源向高比例可再生能源电力系统过渡时，高电价的保障政策将过度激励可再生能源发展，加重弃能问题。同时，连续高昂的可再生能源财政补贴将导致电价上涨，使得可再生能源财政补贴的增收少于支出需求的增长，补贴资金利用效率降低，政府及消费者负担加重。为此，在新型电力系统的构建过程中，应当根据发展阶段，动态调整可再生能源激励政策，维持政府投资效率在较高水平。

(4) 推动核心技术装备国产化。新能源机组所处环境相较于火电机组更为恶劣，因此对于设备的性能和工艺水平要求较高。然而电力电子芯片、功率变流器等器件和装备的制造工艺国内企业仍无法保障，部分器件和技术仍需依赖国外进口，费用相对高昂。针对这种情况，政府应制定合理政策激励相关企业提高相关技术和工艺水平。

(5) 构建新型电力市场。随着新型电力系统构建步伐的加快，可再生能源发电机组占比越来越高，传统电力市场市场化程度低、监管和法律建设弱的缺点，会造成可再生能源发电和消纳空间受火电机组刚性出力计划挤压而缩小的问题。构建适用于新型电力系统的电力市场极具挑战性，但也是至关重要的一环。电网有必要创新自身营销模式，建立新型电价体系，合理利用需求响应等新兴技术，发展更多客户资源，实现互利共赢，最终建立新型电力市场体系。应弥补当前由于市场化交易机制不完善、风光资源市场配置不足所引起的弃能问题，以及由于市场缺乏激励预测信息实时披露的机制，使得电价信号低效无法具有灵活配置可再生资源能力的问题。

(6) 推动各能源行业的互联。在新型电力系统的构建过程中，扩展与交通、供热、供气等其他能源应用行业的联系，为进一步实现全行业能源可再生化奠定基础，打造安全可靠、灵活高效的用能网络，推动能源互联网进一步发展。

1.3 新型电力系统灵活性调节问题

在碳达峰、碳中和目标导向下，我国提出了建设以新能源为主体的新型电力系统的发展战略，以风电、太阳能为代表的间歇性可再生能源发电将进入大规模发展的快车道，逐步形成以可再生能源发电为主导的清洁、可持续的电力供用模式。然而，就我国当前电力系统的发展现状来看，区域之间一次能源与需求不对称、能源基地远离负荷中心、风电与光伏等可再生能源规模化集中开发和远距离传输将成为新常态。同时，间歇性可再生能源发电自身的强不确定性、强随机性和强波动特性打破了“源随荷动”的传统电力供需局面，对电力系统的调节能力提出了更高要求，并且伴随着新能源接入比例的不断上升，可再生能源外送消纳矛盾愈发突出。在可再生能源发电的电量主体、电力主体、责任主体地位被确立后，新型电力系统由不确定性电源主导，运行特征更加复杂多样，资源配置的空间尺度更大、时间尺度更小，源荷双向响应成为常态，由源随荷动过渡为源网荷广泛互动，电力系统的供需关系逐步由实时平衡过渡至时空非实时平衡，电力系统中包括常规机组、抽蓄机组、储能、可控负荷等灵活性调节资源变得空前重要，高灵活性将成为新型电力系统的核心特征之一[17]。

作为电力系统的新主张，灵活性直接关系到电力系统平衡安全全局，决定了新能源消纳利用水平，在支撑高比例新能源并网、保障电网安全可靠运行、提升电力系统灵活调节能力方面至关重要。目前我国电源侧灵活资源潜力尚未充分挖掘，常规火电灵活性改造推进滞后，抽水蓄能等灵活调节电源建设缓慢，清洁能源不确定性强可控性差，导致灵活性资源供应结构问题突出。虽然需求侧的灵活性资源潜在类型多，但我国电力市场机制尚未成熟，价格、激励机制、基础设施成为制约条件，实施规模偏小，实现方式相对单一，难以充分引导用户用电行为。伴随着输电技术的进步和电力电子设备的引入，电网侧的运行特征发生改变，机理愈加复杂，灵活性资源种类少、技术要求高，灵活性资源配置能力受限，无法形成高效灵活的输电通道。因此，在持续关注电力系统的安全性、可靠性、经济性之外，灵活性成为新的焦点，在此背景下探索新型电力系统在复杂环境下、全环节多时空互动的灵活性机理，建立符合灵活性资源特性的量化评价方法，研究提升系统灵活性的规划和运行理论方法成为构建新型电力系统亟待解决的重要问题。

1.4 小结

在全球气候变化、能源枯竭的现实威胁下，世界范围内正在掀起能源清洁化的热潮，以化石能源为主的能源结构正逐步向以风、光等可再生能源为主的能源结构转型。中国顺应时代潮流积极响应，先后提出了能源革命和构建新型电力系统的重大举措。在构建以新能源为主体的新型电力系统过程中，电力系统本征特性发生改变，可再生能源的不确定性恶化了系统调节能力，灵活性需求日益增加，灵活性成为电力系统关键性能指标的新主张。

参考文献

[1] 新华社．我国将大力关停小火电机组实现节能减排的目标［EB/OL］.(2007-02-21)［2021-10-6］. http://www. gov. cn/ztzl/2007-02/21/content_531800. htm.

[2] 新华社．将推动能源生产和消费革命作为长期战略—解读中央财经领导小组第六次会议［EB/OL］．(2014-06-14)［2021-10-6］. http://www. gov. cn/xinwen/2014-06/14/content_2700746. htm.

[3] 新华社．2020 年我国单位 GDP 二氧化碳强度下降幅度或超过 45%目标上限［EB/OL］.(2014-11-17)［2021-10-6］. http://www. gov. cn/xinwen/2014-11/17/content_2780030. htm.

[4] 新华社．习近平在联合国发展峰会上的讲话［EB/OL］.(2015-09-27)［2021-10-6］. http://www. gov. cn/xinwen/2015-09/27/content_2939377. htm.

[5] 能源局．能源局发布《能源发展“十三五”规划》等［EB/OL］.(2017-01-05)［2021-10-6］. http://www. gov. cn/xinwen/2017-01/05/content_5156795. htm#1.

[6] 新华社．习近平出席第七十六届联合国大会一般性辩论并发表重要讲话［EB/OL］.(2021-09-22)［2021-10-6］. http://www. gov. cn/xinwen/2021-09/22/content_5638596. htm.

[7] 新华社．习近平在气候雄心峰会上发表重要讲话［EB/OL］.(2020-12-13)［2021-10-6］. http://www. gov. cn/xinwen/2020-12/13/content_5569136. htm.

[8] 新华社．共绘“双碳”创新蓝图——专家热议加强科技引领助力实现碳达峰、碳中和目标［EB/OL］.(2021-09-27)［2021-10-6］. http://www. gov. cn/xinwen/2021-09/27/content_5639661. htm.

[9] 新华社．习近平主持召开中央财经委员会第九次会议［EB/OL］.(2021-03-15)［2021-10-6］. http://www. gov. cn/xinwen/2021-03/15/content_5593154. htm.

[10] 舒印彪，陈国平，贺静波，等．构建以新能源为主体的新型电力系统框架研究［J］. 中国工程科学，2021，23(6)：61-69.

[11] 韩肖清，李廷钧，张东霞，等．双碳目标下的新型电力系统规划新问题及关键技术［J］. 高电压技术，2021，47(9)：3036-3046.

[12] 周孝信，陈树勇，鲁宗相．电网和电网技术发展的回顾与展望——试论三代电网［J］. 中国电机工程学报，2013，33(22)：1-11，22.

[13] 周孝信，陈树勇，鲁宗相，等．能源转型中我国新一代电力系统的技术特征［J］. 中国电机工程学报，2018，38(7)：1893-1904，2205.

[14] 周孝信．新一代电力系统与能源互联网［J］. 电气应用，2019，38(1)：4-6.

[15] 文云峰，杨伟峰，汪荣华，等．构建 100%可再生能源电力系统述评与展望［J］. 中国电机工程学报，2020，40(6)：1843-1856.

[16] 国家发展改革委，国家能源局．电力发展“十四五”规划［R］. 北京：国家发展改革委，国家能源局，2020.

[17] 鲁宗相，李昊，乔颖．从灵活性平衡视角的高比例可再生能源电力系统形态演化分析［J］. 全球能源互联网，2021，4(1)：12-18.

2 电力系统灵活性概念与特征

2.1 电力系统灵活性定义

大规模可再生能源的接入以及智能电网的不断发展，将给电力系统带来巨大变化。当可再生能源的发电容量在电网中所占比重较大时，其出力不确定性将从根本上改变系统潮流分布的特性，使系统的潮流流向与分布变成随机的、不可预测的。此外，随着分布式电源、微电网、电动汽车的快速发展，负荷预测的偏差、间歇性负荷的不确定性对系统运行过程中的功率分布有着重要影响。因此，电力系统有必要具备一定的应变和响应的能力，即灵活性，以尽可能消除或减小以上不确定因素带来的负面影响，保证电力系统的安全稳定运行。灵活性强调电源和需求的平衡，在意外情况下保持连续性，以及应对供需方面的不确定性的能力。提供灵活性的新方法和管理要求已从电力系统增加可再生能源普及的趋势中出现，而发电的不确定性和可用性也在增加。

目前，关于电力系统灵活性的研究仍有待完善，北美电力可靠性委员会（North American Electric Reliability Council，NERC）和国际能源署（International Energy Agency，IEA）以及部分学者都针对电力系统灵活性的定义发表了各自的观点。NERC 认为，电力系统灵活性是利用系统资源满足负荷变化的能力，主要体现于运行灵活性，电力系统灵活性研究的重点在于提高电力系统灵活性的方法[1]；IEA 认为，电力系统灵活性是指电力系统在其边界约束下，快速响应供应和负荷的大幅波动，对可预见和不可预见的变化和事件迅速反应，负荷需求减小时减少供应，负荷需求增加时增加供应[2]。Lannoye 等人将灵活性定义为电力系统在合理的成本和不同的时间尺度下，系统应对波动性和不确定性的能力，其中波动性和不确定性主要来自供需和设备故障[3]。Ma 等人将电力系统灵活性定义为系统以最小成本应对波动性和不确定性并保证系统可靠性的能力，同时在规划层面根据机组灵活性参数定义了机组及系统灵活性指标[4]。Makarov 等人提出了容量斜坡率、电力系统容量、能量储存容量和容量持续时间等指标用以研究系统的运行灵活性[5]。文献［6］中对系统运行灵活性进行了更加深入的讨论，以便更好地适应可再生能源接入。文献［7］提出电力系统灵活性具有方向性和时间尺度的特征，将其定义为在经济约束和运行约束下，电力系统在某一时间尺度内快速而有效地优化调配现有资源，快速响应电网功率变化、控制电网关键运行参数的能力。文献［8］提出灵活性的概念描述了电力系统在不确定性条件下保持发电负荷平衡的能力，电力系统应该具有及时响应负荷波动和可再生能源的不确定性，使系统保持供应和需求平衡的能力。文献［9］认为电力系统的灵活性需求贯穿于电力系统发展的每一个过程，以应对运行中影响电力供需平衡的随机性和不确定性因素。

虽然灵活性目前还未有一个统一的定义，但从上述观点中不难看出电力系统灵活性具有以下特征：

（1）灵活性是电力系统的固有特征[10]。通常而言，电力系统有一种内在的容忍度，允许电力系统在一定程度内偏离预设的工作点运行，而不需要做出任何改变，可认为该容忍度即为电力系统的固有灵活性。偏离预设工作点的程度越大，电力系统灵活性的弹性越小。

（2）灵活性具有方向性[11]。电力系统受到多种因素的影响，具有很强的不确定性，大规模可再生能源接入后，这种不确定性更加明显与强烈，使电力系统在短时间内出现功率不平衡问题。不同的运行状态下，电力系统灵活性会随机组发电状态、负荷情况的变化而变化，即功率平衡情况不同时，电力系统的灵活性不同。针对灵活性的这个特点，可认为电力系统灵活性具有向上与向下两个方向，分别对应电力系统功率供应小于需求和供应大于需求两种情况。

（3）灵活性需要在一定的时间尺度下描述[12]。一方面，电力系统中供需关系实时平衡，而系统负荷的需求总量的变化方向及变化的持续时间是无法预知的，尤其是当不确定因素剧烈影响系统时，这种变化变得更加随机；另一方面，不同灵活性资源的时间特性不同，时间尺度涉及资源响应能力和经济性情况。因此，时间尺度对于灵活性显得尤为重要，是电力系统灵活性核心内容之一。

（4）灵活性的电力系统需要具备足够的能力，以应对电力系统不确定性因素引起的任何突发事件，在保证电力系统的安全稳定运行的前提下，降低系统受到的负面影响[13]。因此，灵活性的定义离不开“变化”以及应对“变化”的能力，而应对“变化”的能力则可以认为是灵活性资源的调用情况。也就是说，灵活的电力系统既可以满足功率不足时的电能缺口，也可以经济处置功率过剩时的电能。对任何原因引起的负荷需求变化和电力输出变化，电力系统都可以保证充足的电力供应。灵活性的电力系统也应该具备主动调整的能力，以使得电力系统处于经济性和灵活性平衡状态，具有能够随时应对大部分的负面因素的能力。

相较电力系统运行基本要求的安全性、可靠性和经济性，灵活性伴随当前电力系统不确定性的大幅提高，已成为衡量系统运行特性不可缺少的重要指标。灵活性作为电力系统中新的概念，对传统电力系统评价中的安全性、可靠性和经济性会带来影响，与它们既有交叉又有不同[14,15]。从安全性角度，安全性是指电力系统在动态条件下经受住突然扰动（例如突然短路或未预料的短路或失去系统元件)，并不间断地向用户提供电力电量的能力。不确定性因素带来的负面影响可能对电力系统安全性带来威胁，因而，灵活性可从应对不确定性能力的角度对安全性进行补充，是安全性研究中不可缺少的一环，但灵活性其自身又是从宏观的角度，对电力系统进行静态的评估，具有较强的针对性和独立性，特别地，当灵活性提高到一定程度时，对灵活性资源要求会更加苛刻，反而会使安全性略微下降；从可靠性角度，电力系统可靠性是对电力系统按可接受质量标准和所需数量不间断地向电力用户供给电力和电能能力的度量。电力系统灵活性与电力系统可靠性为因果关系，充足的电力系统灵活性是满足电力系统可靠性指标的必要条件，电力系统可靠性是提高电力系统灵活性的目的之一。可靠性指标在一定程度上可以反映电力系统灵活性在保证电力电量平衡、维持不间断供电方面的作用和影响。灵活性越高，系统可调节能力越强，相应的可靠性也会越高，但灵活性对可靠性的积极影响只局限于不确定性层面。从经济性角度，灵活性的存在将改变机组的运行方式，使其运行在非最优的状态，从而保证一定的灵活性，但是灵活性和经济性之间也应该有着综合趋优的平衡点，故随着灵活性的增加，系统经济性会先升后降。电力系统灵活性与经济性、安全性及可靠性的变化趋势示意如图2-1所示。

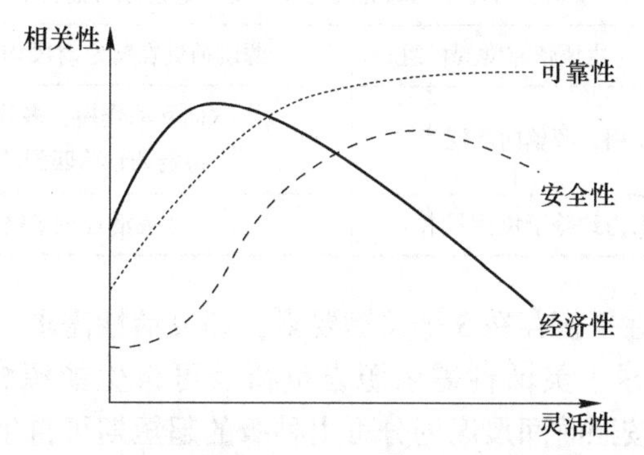

图2-1 灵活性与经济性、安全性及可靠性的关系

在英语中灵活性与柔性都用“Flexibility”一词，灵活性/柔性在电网规划和运行领域都有涉及[16]。电网柔性/灵活规划是指在进行电网规划时，计及各种不确定因素对未来电网运行的影响，以最佳的规划方案来适应未来环境的变化，使规划方案总体最优。其柔性/灵活性体现在，相对于现在的规划方案，它能够更好地适应未来环境的变化。而间歇性可再生能源大量接入电力系统又对系统运行灵活性提出了很高的要求，要求系统在任意时间尺度和多种复杂运行情况下仍能保证供需平衡，这就需要解决灵活性资源的特性问题和成本问题，充分挖掘各类资源的灵活性能力，对灵活性资源开展优化以提升电力系统的调度能力，实现电力系统的优化运行。时至今日，广大学者围绕灵活性开展了需求侧灵活性资源优

化调度、综合能源系统的灵活性调度、水电系统灵活性提升策略、电力系统协调规划、多端直流系统灵活性等一系列研究，但总体而言，国内外针对电力系统灵活性的研究仍未完善，对灵活性的量化评价指标体系、概率化运行模拟、综合提升方案、泛在物联网的灵活性等问题的研究亟待开展，灵活性问题依旧是当今电气领域研究的热点问题。

2.2 电力系统供需灵活性平衡机制

灵活性平衡是指系统在任何时刻、任一时间尺度下及任何方向上，各类资源的灵活性供给相对于灵活性需求的充裕程度超过允许水平。电源跟踪负荷的单向模式逐步向源网荷储广泛互动的方式转变是传统电力电量平衡扩展到灵活性平衡的关键差别。想要满足灵活性的供需平衡，多数场景下是电源匹配负荷，在特定时段也可以是负荷通过调整来匹配电源的波动，即需求响应（Demand Response，DR）机制[17]。表 2-1 给出了两种平衡机制的对比。

表 2-1 两种平衡机制对比

属　性	传统平衡	灵活性平衡
平衡需求	负荷及可再生能源的波动性及不确定性综合而得的“净负荷”	
平衡资源	灵活电源（主要依靠常规机组）	源网荷储在特定时段均可作为灵活性资源
作用机制	单向作用，源单向匹配荷	双向互动作用，多数场景源匹配荷，特定场景荷匹配源（需求响应）
平衡点	电源出力约等于负荷需求	灵活性供给略大于需求

电力系统灵活性平衡存在 3 个关键要素，即灵活性需求、资源及支撑平台：

(1) 灵活性需求。灵活性需求源自负荷及可再生能源波动性和不确定性、设备强迫停运等。按照时间尺度划分可由秒级的超短期可再生能源波动至年度的可再生能源年度容量充裕度需求，相应地，所对应的平衡措施也由秒级的有功平衡至年度的发输电系统规划。具体如图 2-2 所示。

(2) 灵活性资源。灵活性资源包括所有能够应对波动性与不确定性的调节手段，可来自电力系统的各个环节。含风电、光伏电力系统灵活性资源主要包括经灵活性改造后的火电厂、具有调节能力的水电站、抽水蓄能电站、电力电子储能装置和可控负荷。供给侧主要靠常规电源实现灵活性调节，可再生能源在局部时段也可通过出力调节和限电提供灵活性；储能通过对电能供需时间上的平移提供灵活性；需求侧则有可控负荷。

通过对各可控机组的灵活调节能力进行分析，得到可控机组在不同波动时间尺度下的调节能力如图 2-3 所示。系统灵活性资源大小的确定与波动周期、各机组运行状态和机组自身出力调节特性相关。同一种灵活性资源在不同时间尺度下

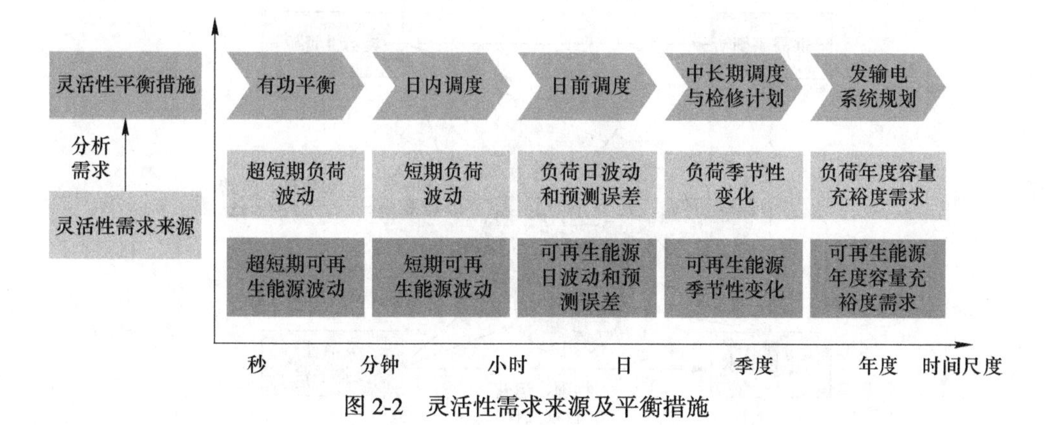

图 2-2 灵活性需求来源及平衡措施

具有不同的出力调节特性，且同一时间尺度下不同灵活性资源出力调节特性也存在差异。

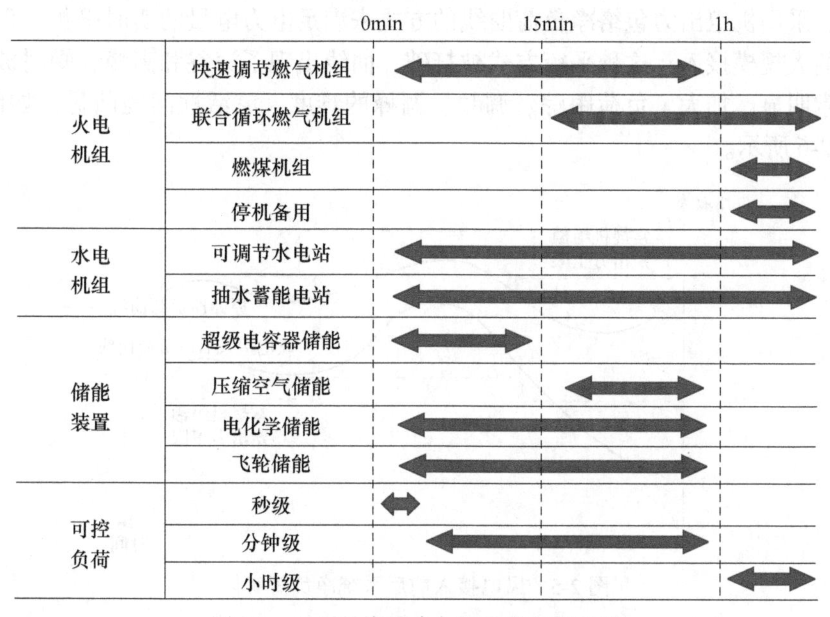

图 2-3 灵活性资源参与调节的时间尺度

（3）灵活性支撑平台。支撑平台包括电网和电力市场。电网利用空间分布特性实现灵活性需求平移，属于物理层面的支撑平台；而市场则是利用价格杠杆调节供需关系，降低灵活性需求或增加灵活性供给，属于运营管理层面的支持平台（图 2-4）。

在明确了电力系统灵活性平衡的关键要素后，需要借助工具描述系统灵活性的供需关系，从而反映灵活性的平衡状态。净负荷表示去除可再生能源发电外其他机组需要满足的负荷需求，因此可以清晰地刻画供需两侧的灵活性需求。由于

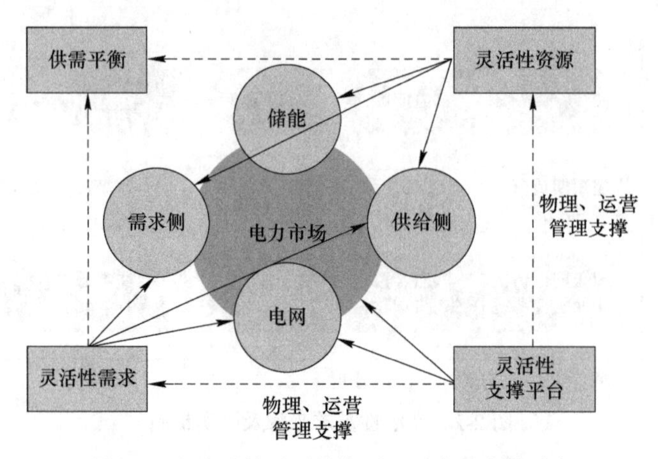

图 2-4 电力系统灵活性资源、需求及支撑平台

可再生能源的大规模接入，净负荷曲线变化明显，以往的电力系统通常设置备用容量，采用机组出力包络净负荷曲线的方式来满足电力电量的实时平衡，但随着风电的大规模接入，这种平衡方式被打破，曲线出现了深谷和高峰，短时波动将会非常明显，加大了负荷跟踪、调频、调峰的难度，灵活性问题凸显，如图 2-5 和图 2-6 所示。

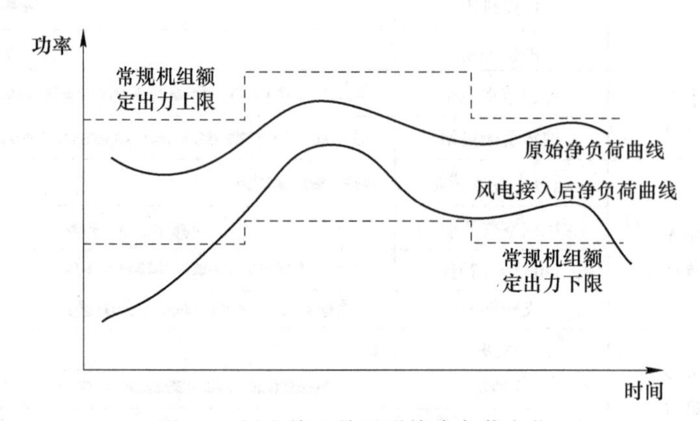

图 2-5 风电接入前后系统净负荷变化

传统电网采用电源跟踪净负荷并预留备用的“包络”模式来满足电力电量的实时平衡，其原理如式（2-1）所示。常规机组的上调峰和上爬坡能力需分别大于等于净负荷及其爬坡。

$$\begin{cases} \sum_{i} P_{\max i} \geqslant P_{\mathrm{nL}} \\ \sum_{i} \dfrac{\mathrm{d}P_{\max i}}{\mathrm{d}t} \geqslant \dfrac{\mathrm{d}P_{\mathrm{nL}}}{\mathrm{d}t} \end{cases} \tag{2-1}$$

式中，$P_{\max i}$ 为机组 i 的调峰容量；P_{nL} 为净负荷的总调峰需求。

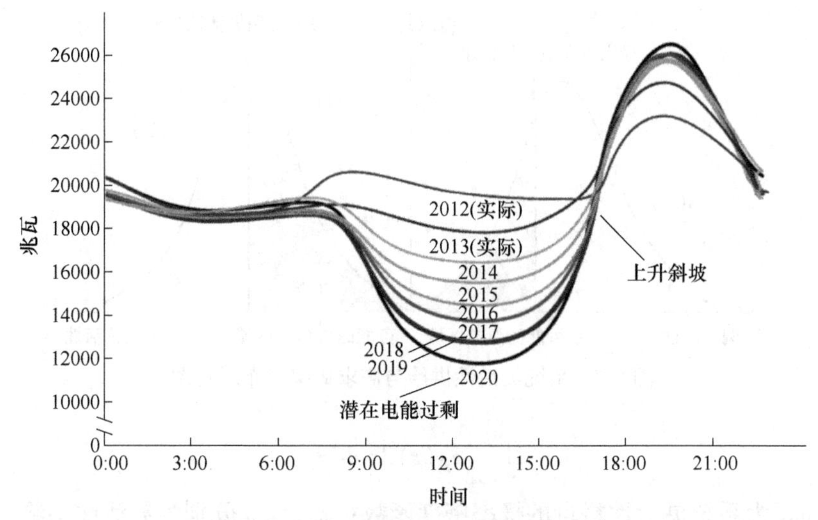

图 2-6 光伏接入后的“鸭型曲线”[18]

随着可再生能源的不断接入，灵活性的供给和需求均服从特定分布的随机变量。引入累积概率或概率密度进行描述，则灵活性充足的判据为：系统灵活性资源供给能力小于灵活性需求的概率（或风险）低于给定阈值。

定义 X 和 Y 分别为系统灵活性总供给和总需求的随机变量，$Z=X-Y$ 为灵活性裕度变量，则灵活性平衡的确定性判据转化为更为一般的概率形式[19]：

$$\Pr(Z \leqslant 0) = \Pr(X \leqslant Y) = \Pr\left(\sum_{i \in S} X_i \leqslant \sum_{i \in D} Y_i\right) \leqslant \theta \tag{2-2}$$

式中，θ 为充裕水平；S 为灵活性供给源的集合；X_i 为第 i 个源的供给量；D 为灵活性需求的集合；Y_i 为第 i 个需求量。式（2-2）的物理意义如图 2-7 所示，$\Pr(X^+)$、$\Pr(X^-)$ 分别代表上调、下调灵活性供给，$\Pr(Y)$ 代表灵活性需求。在图 2-7 中，阴影区域表示灵活性供给有可能小于需求，对应的后果为失负荷和可再生能源限电。阴影面积越小代表系统的灵活性越好。

考虑灵活性的特性一般形式如式（2-3）所示：

$$\Pr(Z^A;\ \tau) = \sum_{C_i \in S_C} \Pr(C_i)\Pr(Z^A \mid C_i;\ \tau) \leqslant \theta_\tau,\ \forall \tau \tag{2-3}$$

式中，A、τ 为参数项；A 为上调或下调灵活性，$A \in \{+,\ -\}$；τ 为调频、爬坡和调峰等研究对应的时间尺度，通常分别取 15min、4h 和 24h 等；C_i 可定义为负荷水平，灵活性与系统状态 C_i 有关；S_C 为可枚举状态的集合。

根据概率卷积运算原理，灵活性随机变量的加减运算分别用卷和与卷差表示：

$$\varphi_M = \varphi_X \odot \varphi_Y = \left(\bigoplus_{i \in S} \varphi_{X_i}\right) \odot \left(\bigoplus_{i \in D} \varphi_{Y_i}\right) \tag{2-4}$$

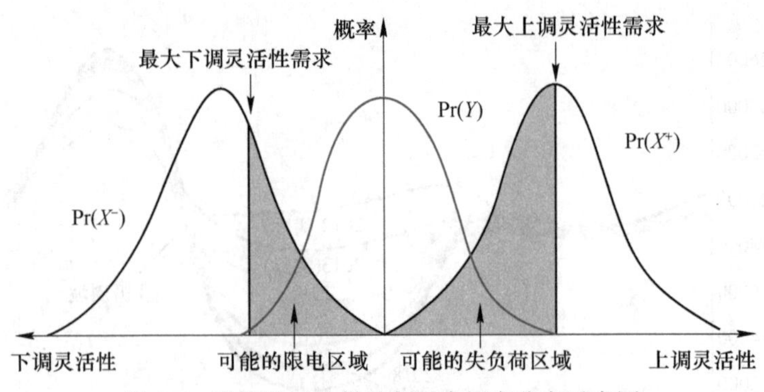

图 2-7 系统灵活性供给与需求概率分布示意图

$$\int_{-\infty}^{0} \varphi_{\mathrm{M}}(z)\,\mathrm{d}z \leqslant \theta \tag{2-5}$$

式中，φ_{M} 为系统灵活性裕量的概率密度函数；φ_X、φ_Y 分别为灵活性供给 X 与需求 Y 概率密度函数；$\oplus$/$\odot$分别为卷和/卷差运算。类似地，概率密度形式如下：

$$\int_{C_{\min}}^{C_{\max}} \int_{-\infty}^{0} \varphi_{\mathrm{M}}^{A}(z \mid C_i;\ \tau)\,\mathrm{d}z\mathrm{d}C \leqslant \theta \tag{2-6}$$

式中，$C_{\max}$ 和 $C_{\min}$ 分别为状态上下限，积分顺序可以交换。

以上给出了灵活性一般的数学表达形式。灵活性的供给需要灵活性资源的参与，灵活性资源种类极其广泛，但从作用机理来看，主要是通过改变供给/需求曲线位置或形状，进而降低系统灵活性不足区域面积。因此，根据不同灵活性资源的作用效果，提出曲线平移、曲线整形及综合三类调节机理。

表 2-2 给出了电力系统三类灵活性资源作用效果的对比。

表 2-2 电力系统灵活性调节资源类型

灵活性资源类型	作用效果	数学运算	举 例
曲线平移类	灵活性概率分布平移	$\varphi_{\tilde{X}}(x) = \varphi_{X_i}(x + \Delta x)$	灵活机组、灵活热源
曲线整形类	概率分布形状变化	$\begin{cases}\tilde{y}_i(t) = y_i(t) + \Delta y_i(t)\\ \varphi_{\tilde{Y}_i}(y) = \varphi_{Y_i}(y) \oplus \varphi_{\Delta Y_i}(y)\end{cases}$	需求侧响应、储能、自备电厂、互联电网
综合类	平移与整形的综合效果	$\begin{cases}\varphi_{\tilde{X}}(x) = \varphi_{X_i}(x + \Delta x)\\ \tilde{y}_i(t) = y_i(t) + \Delta y_i(t)\\ \varphi_{\tilde{Y}_i}(y) = \varphi_{Y_i}(y) \oplus \varphi_{\Delta Y_i}(y)\end{cases}$	电热泵

图 2-8 所示为灵活性资源作用后的调节机理，以下调灵活性为例展开说明，其他类型的灵活性可以做类比推理。图 2-8 中实线代表原始数据，供给小于需求的场景即代表系统灵活性不足，对应后果是造成弃风弃光等可再生能源限电。图

2-8 中虚线代表灵活性资源的作用效果，其中曲线 A→曲线 B 的过程即是曲线平移类灵活性资源的作用结果，曲线 C→曲线 D 代表曲线整形类灵活性资源的作用，可以看出灵活资源作用后阴影区域面积减少，说明系统灵活性有所提升。通过分析不同类型灵活性资源对系统灵活性概率分布曲线的平移效果，可以揭示电力系统灵活性平衡机理。

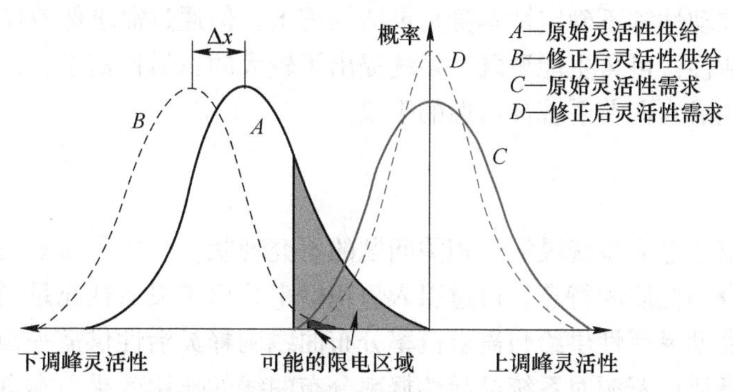

图 2-8 电力系统灵活性调节机理示意图

2.3 新型电力系统灵活性特征

电力系统在设计和运行中需要保证其在各种多变的环境中满足对负荷的持续供应，即需要足够的灵活性以应对波动性和不确定性。对新型电力系统而言，除了满足负荷的波动性需求之外，还应该考虑到可再生能源带来的新增灵活性需求，在灵活性资源充足的情况下，确保所有电力资源随时随地地发用电能力，实现系统的灵活运行。如今，风光低密度电源远离负荷中心，造成输电区域更为广阔，基荷的逐步取消意味着系统调节更加频繁，源荷双向互动需要更深层的调节能力，风光水火资源互补、电热能源消费互补使得电力系统运行方式更为多样。广域、频繁、多样、深层的调节能力对灵活性特性赋予了新的内容[19]，总结如下：

特征 1：固有性。电力系统本身具有一种内在的容忍度，允许系统在一定程度或时间内偏离预设的工作点或处于临界稳定状态，而不会使电力系统迅速崩溃，即为固有灵活性。

特征 2：方向性。当电力系统功率供应小于需求时，需要补充能源缺口；当电力系统功率供应大于需求时，需要消耗过剩的电力资源，以上两种情况分别对应电力系统向上的灵活性和向下的灵活性。

特征 3：多时空特性。在时间尺度上，受电力需求特性和资源响应能力的制约，电力供需平衡可分为调频（15min）、爬坡（15min～4h）、调峰（24h）等不同阶段的灵活性。在空间尺度上，受资源分布和传输条件影响，灵活性资源并不能在整个系统中自由流动。

特征 4：状态相依性。在灵活性供给方面，常规机组的调节特性与其出力水平相关，储能的灵活调节能力与其历史状态相关；灵活性需求则与所处的负荷水平密切相关。

特征 5：双向转化性。电力系统灵活性的需求方和供给方并不是固定不变的。负荷的波动性和不确定性本身是灵活性需求，但通过需求侧响应可反过来为系统提供灵活性；可再生能源既对系统提出了较大的灵活性需求，但合理的弃风弃光手段也能成为调节系统灵活性的手段。

2.4 小结

本章介绍了电力系统灵活性相关问题的研究现状，分析了系统灵活性需求以及灵活性自身的性质和特点。通过引入累积概率给出了灵活性充足判据的一般性数学描述，借助灵活性供给与需求概率分布曲线阐释灵活性供需平衡机理，分析了不同类型灵活性资源对系统灵活性概率分布曲线的作用效果。本章最后在能源革命的背景下归纳总结了新型电力系统的灵活性特征。

参考文献

[1] North American Electric Reliability Corporation. Special report：Accommodating high levels of variable generation[R]. American：North American Electric Reliability Corporation，2009.

[2] Authors U. Harnessing variable renewables：A guide to the balancing challenge[M]. OECD/IEA，2011.

[3] Lannoye，Eamonn. Renewable energy integration：practical management of variability，uncertainty，and flexibility in power grids[book reviews][J]. IEEE Power & Energy Magazine，2015，13(6)：106-107.

[4] Ma J，et al. Evaluating and planning flexibility in sustainable power systems[J]. IEEE Transactions on Sustainable Energy，2013，4(1)：200-209.

[5] Makarov Y V，Loutan C，Jian M，et al. Operational impacts of wind generation on California power systems[J]. IEEE Transactions on Power Systems，2009，24(2)：1039-1050.

[6] Ulbig A，Andersson G. On operational flexibility in power systems[C]. Power and Energy Society General Meeting，2012 IEEE，2012.

[7] 肖定垚，王承民，曾平良，等. 电力系统灵活性及其评价综述[J]. 电网技术，2014，38(6)：1569-1576.

[8] 高庆忠，赵琰，穆昱壮，等. 高渗透率可再生能源集成电力系统灵活性优化调度[J]. 电网技术，2020，44(10)：3761-3768.

[9] Kehler J H，Hu M. Planning and operational considerations for power system flexibility[J]. IEEE，2011.

[10] Holttinen，H，et al. The flexibility workout：Managing variable resources and assessing the

need for power system modification [J]. IEEE Power & Energy Magazine, 2013, 11(6): 53-62.

[11] 刘英琪，谢敏，韦薇，等. 高比例风电接入的电力系统灵活性评估与优化 [J]. 电力建设，2019，40(9)：1-10.

[12] 詹勋淞，管霖，卓映君，等. 基于形态学分解的大规模风光并网电力系统多时间尺度灵活性评估 [J]. 电网技术，2019，43(11)：3890-3901.

[13] 鞠平，王冲，辛焕海，等. 电力系统的柔性、弹性与韧性研究 [J]. 电力自动化设备，2019，39(11)：1-7.

[14] 肖定垚. 含大规模可再生能源的电力系统灵活性评价指标及优化研究 [D]. 上海：上海交通大学，2015.

[15] 施涛. 主动配电网多源优化配置和经济调度技术研究 [D]. 南京：东南大学，2017.

[16] 王简，王承民，朱彬若. 电力系统中的弹性、灵活性及广义柔性问题研究综述 [J]. 智慧电力，2018，46(11)：1-6，13.

[17] 田世明，王蓓蓓，张晶. 智能电网条件下的需求响应关键技术 [J]. 中国电机工程学报，2014，34(22)：3576-3589.

[18] Denholm P, O′Connell M, Brinkman G, et al. Overgeneration from solar energy in California. A field guide to the duck chart [EB/OL]. [2022-3-31]. https://www.nrel.gov/docs/fy16osti/65023.pdf.

[19] 鲁宗相，李海波，乔颖. 高比例可再生能源并网的电力系统灵活性评价与平衡机理 [J]. 中国电机工程学报，2017，37(1)：9-20.

3 电力系统灵活性资源分析

支撑新型电力系统建设、提升电网运行灵活性，电力系统的灵活调节能力至关重要，直接关系着电力系统平衡安全全局，决定着新能源消纳利用水平。作为系统灵活性供给的提供者，灵活性资源是指在系统发出灵活性需求时，能够响应需求的资源。理论上，电力系统运行过程中，所有可调度的资源均可以成为灵活性资源；实际上，灵活性资源广泛存在于电力系统源网荷的各个环节，目前以电源侧供应为主体，电网侧和需求侧潜力尚未真正有效发挥。本章就源侧、网侧、荷侧、储能以及市场机制 4 个方面对灵活性资源展开介绍。

3.1 电源侧灵活性资源

3.1.1 常规电源

常规发电资源是电力系统中供应侧电能的稳定来源，具有较高的可靠性，因而承担了系统中大部分的负荷需求。传统能源主要包括火电、核电以及水电，它们的装机容量较大，但是快速调整能力较弱，启动时间相对较长，能够在一定程度上为系统提供灵活性。

3.1.1.1 火电

火电是将化石燃料的化学能转化为电能的发电设备，按燃料类型火电厂一般可以分为燃煤发电厂、燃气发电厂和燃油发电厂。影响火电机组灵活性的参数主要包括最小稳定出力、爬坡速度和启动时间等，其中最小稳定出力决定了火电机组能够提供的调节空间，爬坡速度决定了系统在不同时间尺度下的调节能力，启动时间主要反映了冷备用机组在负荷增长、可再生能源出力降低情况下为系统提供灵活性的响应速度[1]。不同类型火电机组出力特性如下[2]：

（1）燃煤发电机组：从最小稳定出力来看，未改造的燃煤机组最小稳定出力通常为50%的额定容量，最新运行经验表明大多数 60 万千瓦及其以下机组的最小稳定出力在不增加任何改造投入的情况下，可压至额定容量的40%左右；通过热电解耦、低压稳燃等技术改造，煤电机组的最小稳定出力可以降至 20%~30%的额定容量。从爬坡速率来看，燃煤机组的爬坡速度一般为每分钟额定容量的 1%~2%，较新机组的爬坡速度每分钟可达到额定容量的 3%~6%，但仍低于燃气发电机组；提高燃煤机组爬坡速度既需要对控制系统进行软件升级，也需要对机组设备进行技术改造，爬坡速度改变通常不会对电厂的平均效率产生影响，但会对部分机组部件使用寿命产生不可避免的伤害。从启动时间来看，燃煤机组启动时间通常取决于是热态启动、暖态启动还是冷态启动，其中热态启动是指燃煤机组停运时间不足8h情况下的启动，暖态启动一般是指燃煤机组已经停运8~48h后的启动，冷态启动则是燃煤机组已经停机超过48h情况下的启动；燃煤机组的热态启动时间一般在3~5h之间，通过技术改造目前国际最先进燃煤机组的热态启动时间可短至1.5h左右。

(2) 燃气发电机组：与燃煤机组相比，燃气-蒸汽联合循环机组在效率、环保特性、造价等方面都具有很大的优势，并且还具有启动快、调峰性能好等特性，常被用作首选的调峰手段。同时由于燃气电厂在占地面积、用水量、环保等方面均优于其他类型电厂，这也使得燃气电厂通常建设在负荷中心，实现就地供电。特别是随着分布式可再生能源的快速发展，燃气发电的优势越来越凸显，可以有效减轻电网建设和输电的压力，提高电力系统运行的稳定性。

(3) 燃油发电机组：燃油机组也具备启动迅速、调峰性能好、效率高、排放污染小等优点，也是电力系统公认的调峰机组，不仅如此，燃油机组还可以为系统提供调频、备用、黑启动等服务，但由于其发电成本较高，目前燃油发电应用相对较少。

通过上述分析，得到常规火电机组灵活性与其出力关系的示意图，如图3-1所示[3]。为体现各个变量的耦合关系，图3-1采用了共用坐标轴的组合图方式，以反映常规机组多时间尺度和状态相依的特性。

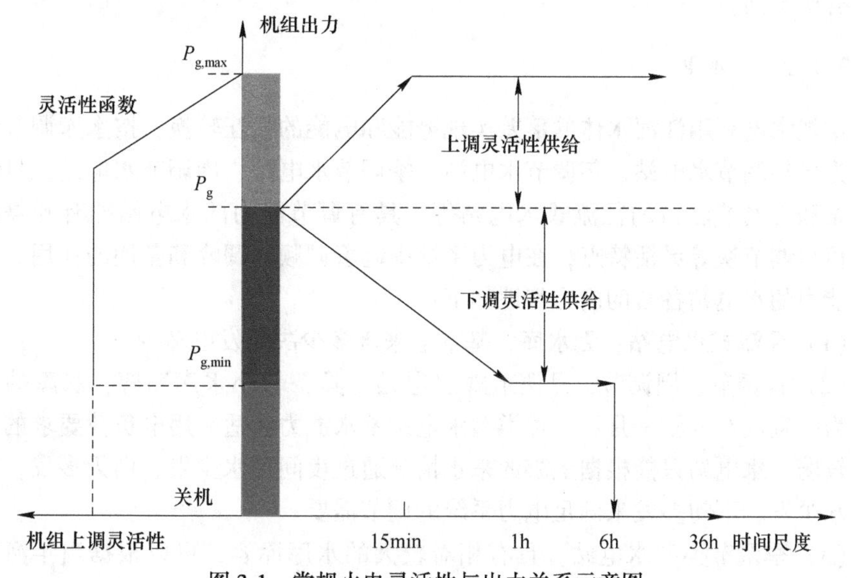

图3-1 常规火电灵活性与出力关系示意图

图 3-1 中右半轴表示常规机组在某一出力水平下，其灵活性供给能力与时间尺度的关系，曲线表明随着时间尺度的增加，上/下调灵活性供给增加，但受到调节能力限制，最后稳定在某一固定水平，此外如果时间尺度超过机组最小运行时间，机组还可通过关机获取额外的下调灵活性。左半轴以上调灵活性为例，展示了常规机组在某一时间尺度下，其灵活性供给能力与其出力关系的函数关系。机组出力轴的可行域为 [$P_{g,\min}$，$P_{g,\max}$]，当机组出力水平较低时，其灵活性调节能力受到爬坡能力约束，为一恒定值。随着出力水平的增加，当上调空间低于爬坡能力时，其灵活性供给能力受到调节能力限制，即灵活性与机组出力关系呈现递减趋势。

灵活的电力系统不仅需要有足够的资源调用容量，还需要保证资源响应变化的速度。以核电站、部分负责满足系统基荷的火电站为代表的电源调节能力不强，它们在电力系统中提供了可观容量的电能，但是它们本身很大程度上受到了经济性的制约，也无法同时满足系统灵活性需求容量和响应时间的要求，除非是在系统功率平衡受到剧烈的波动时，系统的备用容量和可调用容量已无法满足该波动的极端情况，为了系统的安全稳定，才会在一定程度上考虑它们的调节能力，所以，在大部分时候，这类传统能源是不向系统提供灵活性的；另一部分火电站的快速调节能力较强，通常用于满足系统峰荷需求，部分电站也具备调频、调相等功能，这类资源能够较好地满足各个时间尺度下的灵活性需求，是电力系统灵活性要求下的优质资源，但是由于每个电站的爬坡速率、煤耗特性等参数差异可能较大，在一定程度上受到经济性的约束，各电站在电力系统灵活性中的地位会有所不同。

3.1.1.2 水电

常规水电利用江河水体的落差实现势能和电能的相互转换，按水库调节性能可分为多年调节水电站、年调节水电站、季调节水电站、周调节水电站、日调节水电站和无调节能力的径流式水电站等。具有调节能力的水电站拥有开停机迅速、负荷调节快等灵活特点，在电力系统中起着调频、调峰和备用的作用。不同调节能力的水电站各自的出力特性如下：

(1) 径流式水电站：无水库，基本上来水多少决定发电多少。

(2) 日调节、周调节、月调节式水电站：具备较小水库库容，水库的调节周期为一昼夜/一周/一月；三种类型水电站蓄水能力和适应用电负荷要求的调节能力较弱，水电站只能根据上游的来水情况通过夜间蓄水少发、白天多发，或上旬蓄水少发、下旬多发来满足电力系统的调节需要。

(3) 季调节类型水电站：具有相对较大的水库库容，可以根据当年河流的来水情况确定在某一季节，如汛期少发电多蓄水，所蓄的水量留在另一季节（如枯期）多发电，以达到对电力系统调节的目的。

（4）年调节式水电站：可以实现对一年内各月天然径流进行优化分配和调节，将丰水期多余的水量存入水库，保证枯水期放水发电。

（5）多年调节式水电站：将不均匀的多年天然来水进行优化分配、调节。多年调节的水库容量较大，可以根据历年来的水文资料和实际需要确定当年的发电量和蓄水量，还可以将丰水年所蓄水量留存到平水年或枯水年使用，以保证电厂的可调能力；多年调节式水电厂对于天然洪水也具有较强的调控能力，不仅能满足电力系统调节需要，还可以通过水库调度实现消洪、错洪，对于大江、大河的防汛工作也具有十分重要的作用。

由上述出力特性可知，常规水电机组调节速率及响应时间都很快，其灵活性与当前运行状态和爬坡限制有关：

$$\begin{cases} F_{Ut}^{supply} = \min(P_{ramp}^{max}, P_{Ht}^{max} - P_{Ht}) \\ F_{Dt}^{supply} = \min(P_{ramp}^{max}, P_{Ht}) \end{cases} \tag{3-1}$$

式中，P_{Ht}、P_{Ht}^{max} 为 t 时段水电站出力及其上限；P_{ramp}^{max} 为水电站爬坡限制；F_{Ut}^{supply}、F_{Dt}^{supply} 分别为水电站 t 时段可提供上调、下调灵活性容量。

依据 P_{Ht}^{max} 与 P_{ramp}^{max} 的大小关系，可以将水电站灵活性与出力的变化关系分为3种情况，如图3-2所示。

当出力位于不同的范围时，水电站出力的变化会导致向上、向下灵活性有不同的变化趋势，据此可将水电出力划分成4个特征区[4]：（1）“下调灵活性单变区”；（2）“上调灵活性单变区”；（3）“稳定区”；（4）“灵活性双变区”。以“下调灵活性单变区”为例，该范围内增加水电出力，对于上调灵活性来说，由于受到爬坡限制，水电站上调灵活性保持不变；对于下调灵活性来说，由于受到出力限制，下调灵活性随着出力的增加而增加。其他各区中灵活性与出力的变化关系见表3-1。

表3-1 各分区内水电灵活性与出力变化关系

灵活性分区	出力增加		出力减小	
	上调灵活性	下调灵活性	上调灵活性	下调灵活性
下调灵活性单变区	不变	增加	不变	减小
上调灵活性单变区	减小	不变	增加	不变
灵活性双变区	减小	增加	增加	减小
灵活性稳定区	不变	不变	不变	不变

3.1.2 新能源机组

长期以来，以风电、光伏等利用自然能源发电的新型能源通常被认为是电力

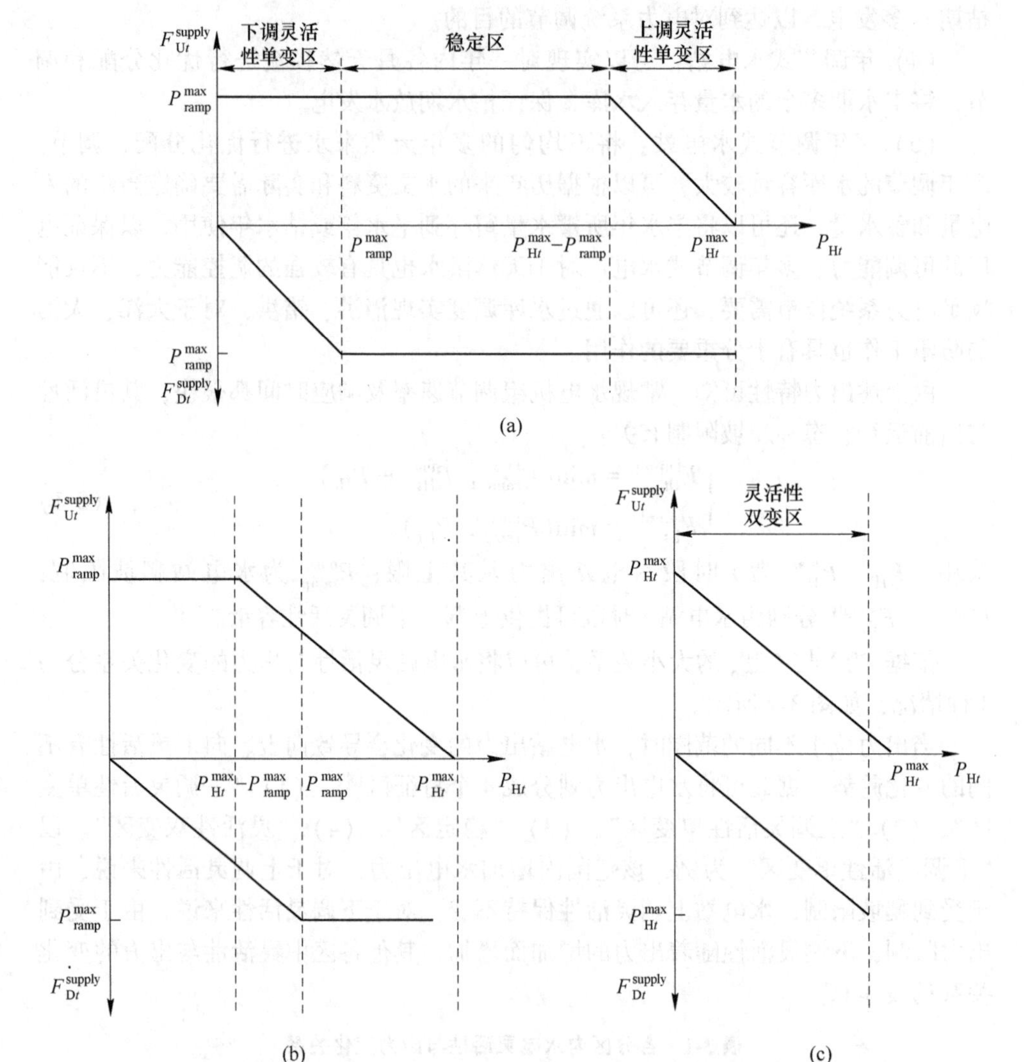

图 3-2　水电灵活性供给能力与其出力关系曲线

(a) $2P_{ramp}^{max}<P_{Ht}^{max}$；(b) $P_{ramp}^{max}<P_{Ht}^{max}<2P_{ramp}^{max}$；(c) $P_{Ht}^{max}<P_{ramp}^{max}$

系统不确定性因素的制造者[5]，虽然自然资源可以依据长期的观测数据总结出一定的规律，或利用各地区自然资源的相关性和互补性消除部分不确定性影响，但随着可再生能源的并网容量越来越大，对电力系统灵活性的需求也日益强烈，要求日益严格。

目前，我国可再生能源的发展正在由分散、小规模开发、就地消纳，向大规模、高集中开发和远距离、高电压输送方向快速发展，给电力系统稳定带来新的挑战，尤其是负荷中心的电压暂态稳定问题。此外，在电力系统的规划阶段，大规模可再生能源的接入会使电网结构发生本质改变，而运行阶段，可再生能源也会对运行模式产生影响。可再生能源虽然会对电力系统的安全稳定运行带来威胁，风、光等间接性电源从发电侧打破了原有基于负荷预测结果的灵活性控制机制，增加了系统的灵活性需求，但不可否认的是，风、光等可再生能源本身同样可以作为灵活性资源参与到电力系统的灵活性调节中，对电力系统灵活性产生积极的贡献[6]。

可再生能源作为灵活性资源时有一个前提，即其出力需要稳定且可控，可控的程度决定了可再生能源可以提供的灵活性资源的多少。可再生能源提供的灵活性资源有两个部分：一部分是直接灵活性资源，由可再生能源本身的控制范围决定，这部分的资源容量相对较小；另一部分是间接灵活性资源，这是由于可再生能源并网时，在负荷不变的情况下，传统的可控机组的出力可以相应减小，如此一来，间接地增加了其他机组的灵活性资源总量。这两部分的灵活性资源容量均是随着可再生能源的并网容量增加而增加的。同时，可再生能源调节时的响应速度快、经济性高，较为符合灵活性的要求。可见，在一定情况下，通过弃风弃光等调节手段，可控性较强的可再生能源也可以成为一类电力系统灵活性资源（图3-3）。

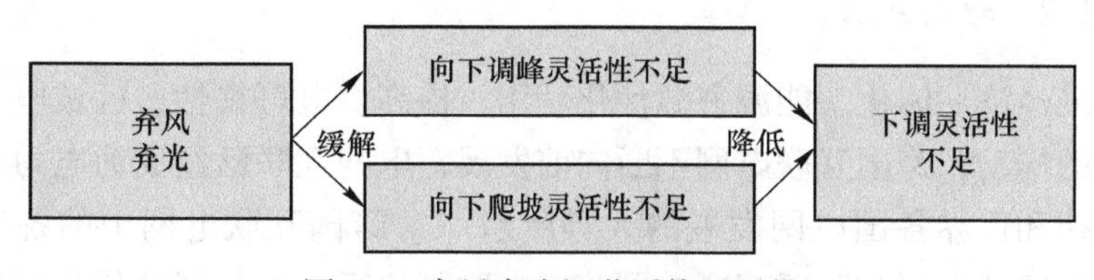

图 3-3　弃风弃光调节系统灵活性

3.2 电网侧灵活性资源

3.2.1 电网互联

电网是输送电力的载体，也是实现电力系统灵活性的关键，良好的电网建设与运行调度能够保障电力供给的安全性和可靠性[7]。能源分布与电力消费之间地域分布不平衡的矛盾促使电网互联的形成，电网之间互联互济能在网侧为系统提供大量的灵活性资源，进而为彼此提供较大备用容量，增强电力系统融合可再生能源发电的能力，保证电力资源的高效配置。

3.2.1.1 跨省区互联

大型电力系统通常划分为多个区域电网，各个区域电网由联络线连接，区域间依靠联络线实现电力电量交换。对于某一区域 A 而言，依靠电网互联互济，具备传输能力的联络区域 B 既可看作是区域 A 的电源，又可以认为是区域 A 的负荷。电网互联互济可以利用各地区用电的非同时性进行负荷调整，减少备用容量和装机容量；各地区之间通过互供电力、互通有无、互为备用，还能有效减少事故备用容量，增强系统抵御事故的能力，提高电网安全水平和供电可靠性。另外，互联互济还有助于系统承受较大的负荷冲击和电源波动，改善电能质量，吸纳更多风光波动性电源。

目前看来，区域互联电力系统是现代电力系统的发展方向，分区的运行方式可以互补并优化各区域的资源，使多个区域的整体社会经济效益最高。各区域电力系统通常由联络线连接，联络线的个数可以不止一条，电力能源可以在联络线上进行双向传输。通常而言，区域电力系统间的传输容量和灵活性成正比关系，但是传输容量越大，对联络线的基本要求也越高，如此，联络线的建设成本也会越高。同时，由于政策上的要求，联络线上传输容量会受到限制，当成本限制和政策限制过高时，会提高负荷脱落的风险，故联络线上的电力传输容量需要严格的论证[8]。从响应时间上来看，只要联络区域具备了提高或接收容量的能力，理论上的响应行为是瞬时完成的。电网互联是提高电力系统整体灵活性的良好手段，但目前与之相关的研究或应用仍然较少，网侧灵活性亟待挖掘。

3.2.1.2 跨国互联

受区域经济一体化、能源资源优化利用、提高供电可靠性、区域电力市场开放等因素的推动，跨国互联电网不断向前发展，电网互联已经成为电力工业发展的客观规律和世界各国电网发展的大势所趋[9]。跨国互联电网中的各成员国电网，在本国区域电网和跨国互联电网范围内联网运行，进行资源优化配置，可产生规模效益，降低发电成本，均衡系统负荷，减少系统备用容量，为电力市场开放、购销合同的签订和电力交换提供基础，提高供电的安全性和可靠性，改善供电质量，减少系统扰动。

世界范围内的跨国互联电网呈现蓬勃发展趋势。目前，主要的跨国互联电网包括欧洲大陆电网、北欧电网、东欧/前苏联电网（IPS/UPS）、地中海东南电网、地中海西南电网、北美联合电网和南部非洲电网[10]。其中，欧洲大陆电网已实现与地中海西南电网同步运行，并与 IPS/UPS 进行了同步运行的可行性研究；地中海西南电网和南部非洲电网近年来也在不断扩大联网范围。中国也在积极打造跨国输电通道，推进与周边国家的联网工作，其重点有三：一是丝绸之路经济带输电走廊，建设从中国新疆到中亚五国的输电通道；二是俄罗斯和蒙古国向中国输电通道；三是与南部邻国联网通道。目前，中国已与老挝、俄罗斯、缅甸、越南等周边国家完成了电力联网，实现了与周边国家电力基础设施互联互通。

跨国互联电网在发展初期主要是为了充分利用水电资源，减少弃水，实现水火互济。如西欧各国早在 20 世纪 20 年代后期就开始电力交换，夏季将阿尔卑斯山的水电送出，冬季水电少时从其他国家输入火电，实现互补。随着联网范围的逐步扩大与联网线路的不断加强，跨国互联电网在能源资源优化配置方面的能力不断增强。跨国互联电网的发展为跨国电力交换提供了物理基础，促进了跨国电力市场的发展和区域一体化电力市场的建设，实现了区域发电资源的优化利用。近年来，随着可再生能源发电技术的快速发展和智能电网技术研究的进一步深化，如何融合现代互联电网和新型智能电网技术、实现风能及太阳能等可再生能源大规模发电和远距离输送，正在成为跨国互联电网技术发展的研究热点。

可再生能源的快速发展，对电网的调峰和安全运行带来挑战，需要在更大范围内进行消纳平衡，与水电、气电等形成互补。为此，欧洲大陆电网开展了风电一体化研究，在欧洲范围内研究风电建设和跨国电网的发展。为进一步利用非洲、中东等周边国家的太阳能和风能，欧洲提出了融合传统互联电网和新型智能电网技术，实现可再生能源大规模利用的欧洲超级智能电网（Super Smart Grid）。其设想为一种连接欧洲、北非、中东、土耳其和独联体国家的跨国互联电网，将集中开发波罗的海、北海的风能和非洲北部的太阳能，与欧洲大陆电网内的水电形成互补，利用高压直流输电技术进行跨国互联和远距离输送[11]。美国统一国家智能电网（Unified National Smart Grid）设想为连接美国国内各区域智能电网，实现风能、太阳能等电力远距离、大规模经济输送的全国交直流互联电网[12]。我国也基于国情，提出了涵盖发电、调度、输变电、配电和用户各个环节，实现能源资源大范围优化配置的坚强智能电网方案[13]。

电网从孤立系统走向互联互通、从小规模系统走向大规模系统、从区域互联走向跨国互联，不仅可以实现规模经济和减少投资带来的成本节约，而且可以实现一个大系统的电力灵活调度和资源优化配置。但电网物理互联只是实现电力系统资源有效配置的必要条件，与之配套的电力市场交易与监管制度的建立和完善相对复杂，跨国电网互联建设和运营仍在路上。

3.2.1.3 微电网

微电网以分布式发电技术为基础，由分布式电源、负荷、储能装置、控制系统等组成，形成模块化、分散式的供电网络。微电网是一个可以自治的单元，可根据电力系统或微电网自身的需要实现孤岛模式与并网模式间的无缝转换，有利于提高电力系统的可靠性、电能质量以及灵活性。微电网并网运行时，可以作为大小可变的智能负荷，能在数秒内做出响应以满足系统需要，为电力系统灵活性提供有力支撑；此外，微电网将间歇性、波动性较强的可再生能源整合并纳入同一个物理网络中，通过储能装置和控制系统平滑输出波动，可以提高可再生能源的可用容量。微电网孤岛运行时，又可利用储能装置和控制系统保持内部电压和频率的稳定，保证网内用户的电力供应（图3-4）。

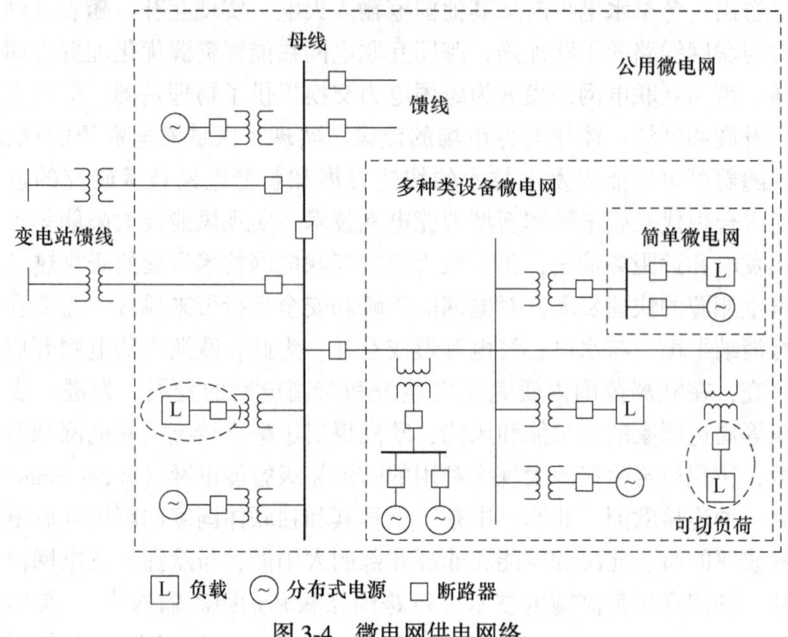

图 3-4 微电网供电网络

相较于其他灵活性资源而言，微电网影响电力系统灵活性的方式多样，除了与其他资源结合应用以外，微电网还可以通过内部网络结构或运行控制方式的改变来影响电力系统灵活性。例如文献［14］介绍的 CERTS 微电网在关键线路上设置了静态开关，静态开关可以根据电力系统或微电网的需求，实现微电网的并网运行模式和孤岛运行模式的自动切换，切换动作在瞬间完成，这种模式适用于电力系统波动较大时，可以提高供电质量和供电灵活性；此外，CERTS 微电网的分布式电源具有自主控制功能，在遇到紧急事故时，可以自动调整出力以适应该变化，有效保障微电网内部运行的稳定。通过分析研究区域的地理环境、社会环境等因素，针对不同地区用户的用电特点，选择适应该地区的微电网结构，可以提高该地区供电的稳定性和灵活性。

3.2.2 电网互联技术

3.2.2.1 柔性交流输电

灵活交流输电（FACTS）技术的快速发展和应用是电力工业近几十年来最为突出的成果之一，为现代电网的建设与发展做出了巨大贡献[15]。它应用电力电子技术最新发展成果，结合现代控制技术，使电网电压、线路阻抗及功率角等可按系统的需要迅速调整；在不改变网络结构的情况下，使电网的功率传输能力以及潮流和电压的可控性大为提高，可有效降低功率损耗和减少发电成本，大幅度提高电网灵活性、稳定性、可靠性。由于电力电子技术允许非常快的响应时间(以毫秒为单位)，因此可以非常快速和频繁地调节 FACTS，通过控制相关参数，包括串联阻抗、并联阻抗、电流、电压、相位角等使其能够有效地处理可再生能源发电的不确定性。FACTS 的主要功能可归纳为：

(1) 较大范围地控制潮流使之按指定路径流动。

(2) 保证输电线路的负荷可以接近热稳定极限又不过负荷。

(3) 在控制的区域内可以传输更多的功率，减少发电机组热备用。

(4) 限制短路和设备故障影响，防止线路串级跳闸。

(5) 为设备损坏或者过载带来的电力系统振荡提供一定的阻尼。

柔性多状态开关作为配电网柔性互联中的重要一次配电网调节装备，具有重要的现实工程意义和较好的应用前景，在实现配电网运行灵活性和可靠性方面具有重要的应用价值（图 3-5）[16]。通过柔性多状态开关调节配电网中馈线负荷均衡，可以减少配电网系统线损，降低配电网容载比，提升分布式电源渗透率，满足电动汽车等冲击性负荷的快速增长而不需要短期内进行频繁的线路改造，延缓配电网层面升级改造时间，提升配电网综合性经济收益。另外，晶闸管控制的串联电容器（TCSC）已在电力生产中应用，以更好地适配风力发电。由于可再生能源发电的预测误差，移相变压器在缓解阻塞方面也表现出了卓越的能力。随着电力电子技术的快速发展，FACTS 技术的发展方向逐渐从 SVC、可控串联补偿器、可控并联电抗器等基于半控型器件的设备，转向功能更强大、更灵活、响应速度更快的基于全控型器件的静止同步补偿器、统一潮流控制器等设备。随着电力电子技术的不断发展，尤其是随着静止无功补偿器（STATCOM）和统一潮流控制器（UPFC）等基于全控型器件的柔性交流设备技术水平的不断提高，柔性交流输电系统的输送能力和系统稳定性及可控性将会得到进一步提升。

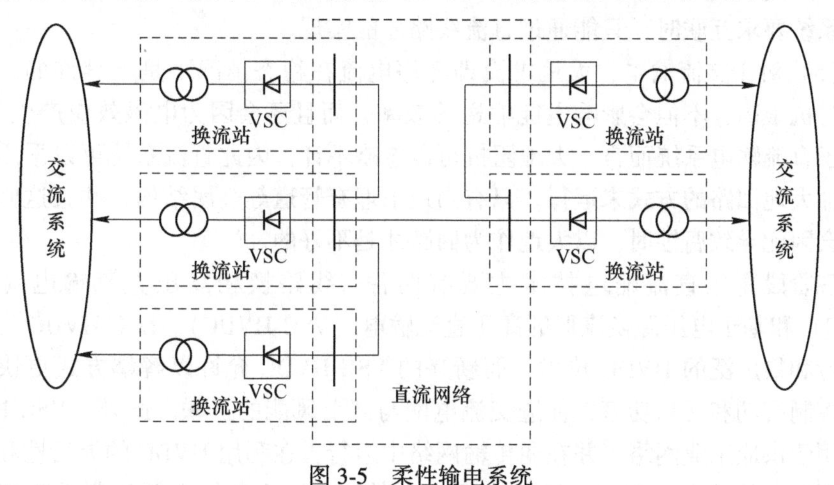

图 3-5 柔性输电系统

3.2.2.2 直流输电

整流技术的发展有力地推动了直流输电（High Voltage Direct Current, HVDC）技术的发展，高压直流输电在大容量、远距离送电以及互联电网方面具有交流送电无法比拟的优势。高压直流输电自身控制响应速度快，在长距离输电时产生的电力损耗较小，增强电网的可控性的同时不存在同步运行稳定性问题，已经成为整合可再生能源发电的有力举措和现代电能传输、区域联网的重要方式。

相比较于交流输电，直流输电克服了一些与交流输电相关联的问题[17]：

(1) 交流输电线路的输送能力与输送距离成反比，但是直流输电线路的输送能力不受输送距离的影响。

(2) 交流输电中为了保持线路两端的电压恒定，当线路负荷变化时，需要进行无功功率控制。线路越长，所需要的无功功率就越大。尽管直流输电换流站需要无功功率，且所需要的无功功率与输送功率相关，但直流输电线路本身不需要任何无功功率。

(3) 对于长距离交流输电，为了克服线路电容充电和系统稳定性方面的限制，对线路进行补偿是必要的。通过使用并联电抗器、串联电容器、静止无功补偿器和近年来开发的新一代静止同步补偿器，可以提高线路的输送能力，并加强对电压的控制。而对于直流输电线路，并不需要进行线路补偿。

(4) 两个电力系统通过交流联络线联网后，两个系统的自动发电控制器必须根据联络线功率和系统频率进行协调。然而，即使进行了协调控制，交流联络线的运行仍然可能由于一些原因而存在问题，这些原因包括：存在大的功率振荡而导致联络线频繁跳闸；短路电流水平上升；扰动从一个系统传递到另一个系统。而直流输电系统的快速可控特性消除了上述所有的问题。此外，当两个非同步的系统要求互联时，只能通过直流线路才能实现。

(5) 对于交流输电，大地电流即零序电流在稳态情况下是不容许的，因为大地阻抗很高，不但会影响电能输送的效率，而且还会因为电磁效应产生干扰。而对于直流输电系统而言，大地阻抗可以忽略不计，因此直流系统可以采用一根导线加大地回路的方式来运行。只有当地下埋有管道等金属结构，并且这些金属结构会因此导致腐蚀时，以大地作为回路才是不好的。

现阶段高压直流输电技术主要有两种：线路换相高压直流输电（LCC-HVDC）和基于电压源换流器的高压直流输电（VSC-HVDC）。LCC-HVDC 是当今最流行和最广泛的 HVDC 技术，而新兴的 VSC-HVDC 允许以解耦方式更快和可逆地控制有功和无功功率，促进交流电网与海上风能的互联。此外，VSC-HVDC 还可用于供应工业网络，并在弱传输网络中运行，在利用 HVDC 的灵活性和可再生能源发电的整合方面做出了一些重大贡献。高压直流输电现已帮助新疆完成

“西电东送”，并将大规模海上风能优化整合到电网中，为电力系统提供了灵活的新能源注入，缓解了内陆交流电网的拥塞程度。直流技术的快速进步，推动了其在新能源并网、电网互联等场合的广泛应用，而市场的发展又反过来推动了直流输电技术水平的提升并对输送容量提出更高要求。可关断器件、直流电缆等设备技术水平的不断提高，有效提升了直流输电的输送容量，使直流输电成为电网可采用的主要输电方式之一。可以预见，随着未来可再生能源接入和电网的升级改造，直流输电应用将会获得日益广阔的发展。

3.2.2.3 交直流混联

交直流混联电网是电网发展百年历史上出现的新形态，也是新型电力系统的显著标志。特高压直流可实现清洁能源跨越数千公里的大规模输送，对推进节能减排、绿色发展意义重大；特高压交流可发挥联网作用，为特高压直流的安全运行提供有效支撑，两者规模必须相互适应。因此，交直流混联电网具有独特的结构特点和运行特征，具体表现为直流占比高、容量大，可控性强，具有脆弱性和耦合特性。

以电力电子器件为核心的电气设备大量渗透至电源、输配电网络以及负荷当中，电力电子器件动作速度快、可控性强，这为电网的快速优化控制提供了可能性，但目前直流系统并没有充分参与系统的潮流和稳定控制；同时电力电子器件过载能力低、承受故障冲击能力差，表现出脆弱性；单个交流系统的简单故障或者单个换流站的异常动态过程都可能诱发多换流站同时换相失败、直流系统单极、双极闭锁等连锁故障的发生，表现出了交直流混联电网的复杂耦合特性。

为了更好地完成灵活输电和资源分配任务，保证我国大型交直流混联电网安全可靠运行，有必要深刻分析、认识这个新形态电网，研究交直流混联电网的运行特性、功率调控方法、稳定分析理论和稳控技术、故障分析理论和保护技术，具体包括[18]：

（1）交直流混联系统大时空尺度多维度耦合动力学特性分析，以及建立在该分析基础之上的潮流控制、稳定控制以及恢复控制理论与技术。混联系统首先是一个实时功率平衡系统，在研究该系统的运行特性和暂态特性时，既需要考虑大时间尺度的机电暂态过程，也要考虑小时间尺度的电磁暂态过程，特别需要考虑电力电子设备的快速开关特性；既要考虑单个换流器、换流站受扰变化特性，还要考虑远在千里之外的互联电网特性变化，这些特点决定了所研究问题的复杂与困难。

（2）交直流混联系统非线性时空故障分布特性分析，以及建立在该分析基础之上的保护理论与技术。由于直流系统接入电网，考虑到直流系统具有不同的控制特性，交直流混联电网故障后特性具有空间非线性分布、时间不连续分布等特征。建立在戴维南等效电路理论基础上的交流电网故障分析方法不能直接解析分析该电网故障后的暂态过程，需要寻求新的故障分析方法，并建立起适合于该电网故障特性的保护理论和技术体系。

(3) 仿真技术研究，既是认识混联大电网的工具，也是制定运行方式和调度策略的依据，更是检验保护控制理论正确与否必不可少的条件。

针对交直流混联配电网面临的核心问题，有专家学者提出了全新的基于柔性变电站的交直流配电网技术。柔性变电站将分散的电力电子设备高度集成，具备交直流多类型接口；具备潮流控制、新能源电源即插即用、定制化供电等功能，可满足电网灵活高效运行、新能源发电、多元负荷等要求[19]。随着容量的增大和电压等级的提高，柔性变电站在电力系统中可发挥能量路由器的作用，在分布式与集中式新能源柔性接入、用户多元化供用电、交直流混合联网、枢纽电站控制等方面有重要的应用前景。

3.2.2.4 能量路由器

能量路由器是融合电网信息物理系统的具有计算、通信、精确控制、远程协调、自治，以及即插即用的接入通用性的智能体，一般在微电网或配电网中应用较多。通过能量路由器可以实现不同能源载体的输入、输出、转换、存储，实现不同能源形式的互联互补和不同特征能源流的融合贯通。其自身具有如下特点：

(1) 采用全柔性架构的固态设备。

(2) 兼具传统变压器、断路器、潮流控制装置和电能质量控制装置的功能。

(3) 可以实现交直流无缝混合配用电。

(4) 分布式电源、柔性负荷（分布式储能、电动汽车）装置即插即用接入。

(5) 具有信息融合的智能控制单元，能够自主分布式控制运行和能量管理。

(6) 集成了坚强的通信网络功能。

从广义的角度来看，能量路由器不仅是一个能量装置，更是一个信息节点。它应该兼具分布式控制、能量检测计量、交互、优化决策等多重与能量管理相关的功能。能量路由器通常被认为由两部分组成：一部分与能量的传输、转换、存储有关，主要包括电力电子变流/变压装置、储能装置等；另一部分则是信息通信工具，包括控制器、通信模块和人机交互模块等。在参考文献［20］中给出了能量路由器架构的设计，如图3-6所示。

图3-6中将能量路由器分为能量层（Energy Layer）和信息层（Cyber Layer），对能量路由器包含的主要功能、需要兼容的各种通信标准和包含的主要组件进行了设计。这一设计也预示着未来能量路由器将和分布式动态能量管理系统紧密结合，一方面帮助用户实现定制化的本地能量优化管理，另一方面也是能源网络组建的重要基础单元。能量路由器的概念及架构为实现电源与负载的最优化匹配运

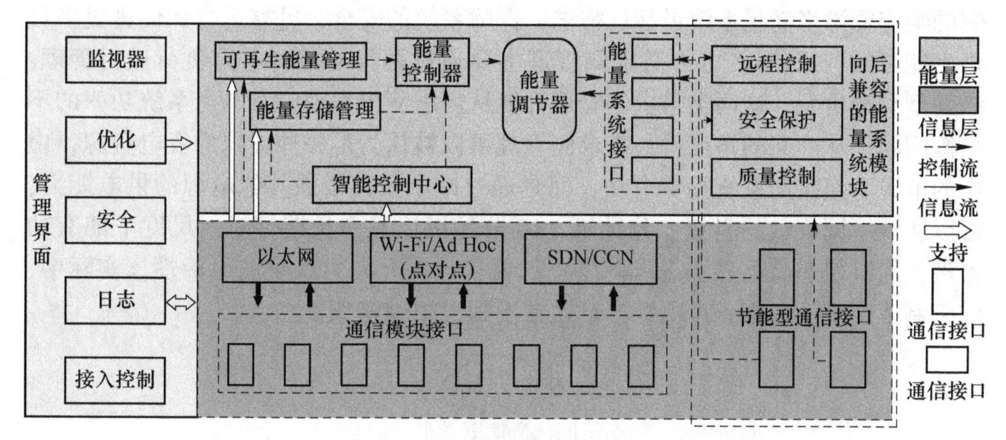

图 3-6 能量路由器架构的设计

行提供了可能。基于能量路由器，可以实现对配电网络的精确控制及供给与需求的精确匹配，在电源与负载协调运行的同时满足灵活性充裕要求，提供区域间的灵活调度电力。能量路由器本质特征是实现接口、转换和分配，能够实现高压电到低压电的变压调节、交流电和直流电的相互转换，统筹管理储能、负荷和接入电源，在紧急时刻调度功率互相支援。

尽管能量路由器有着良好的前景，但与之相关的研究仍停留在初级阶段，还未见真正的产品和商业应用出现。当然，一些具有能量分配功能的设备，如智能电表、智慧能源网关、逆变器、储能设备、电动汽车充电桩以及一些已有应用的电力电子整流/逆变装置等已经商业化。这些设备在通信接口、电力电子设备集成和控制等方面为高端能量路由器的进一步发展积累了宝贵经验。

未来，能量路由器的发展一方面要结合目前电力电子技术和储能技术的基础和用户的需求，对不同层次（企业、商用和家庭）应用、不同环境（低压、中压和高压配电网）下能量路由器的技术路线展开设计，对其中的能量接口、通信接口进行适当的标准设计和规范，对具有商业潜力、兼具技术可行性和经济可行性的应用场景进行试点。此外，能量路由器的应用还可以与需求响应、分布式发电接入、微电网、直流配电网、主动配电网、储能设备等具体应用需求相结合，以争取更大的政策和效益空间。

3.3 负荷侧灵活性资源

3.3.1 需求侧管理

作为用户侧灵活性资源，电力需求侧管理（图 3-7）是电力系统灵活性的另一重要来源，它通过采取各种措施引导用户优化用电方式，不仅可以平抑用电负荷的波动性，减小负荷的峰谷差，提高电网利用效率，而且还可以通过调动负荷侧的响应资源来满足系统灵活性需求，保障系统的安全、可靠运行和促进更多可再生能源的利用[21]。电力需求侧管理主要通过两类举措对电力负荷进行管理：激励型和电价型，这两类需求侧管理都能从需求侧出发来应对电力系统功率的不平衡问题。从广义的角度看，需求侧管理可以被认为是一种虚拟的发电资源，虚拟的电源不直接向系统提供有功，而是通过减小负荷增强其他电源的供电能力，可以实现不同容量的秒级、分钟级、10 分钟级以及中长期等时间尺度下的有功管理，能够快速满足系统需求侧变化的要求，提升电力系统的灵活性。实际中，该机制下产生的虚拟备用电源容量通常不超过 10MW 级。

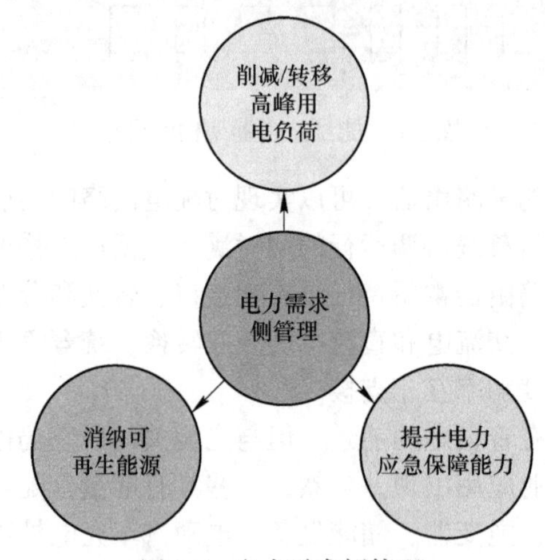

图 3-7 电力需求侧管理

激励型需求侧管理是针对具体的生产工艺和生活习惯，通过行政等手段对其用电方式进行管理和约束，推动采用先进节电技术和设备来提高终端用电效率或改变用电方式。目前激励型需求侧管理具体包括以下几类：

（1）改变用电方式。利用时间控制器和需求限制器等自控装置实现负荷的循环和间歇控制，达到负荷需求的错峰调剂；通过行政手段，安排用户进行有序用电，减少负荷高峰期的用电负荷，实现负荷的有效转移。

（2）提高终端用电效率。推广节能型电冰箱、节能型电热水器、变频空调器、热泵热水器等；推动用户选择高效节能照明器具替代传统低效的照明设备，使用先进的控制技术以提高照明用电效率和照明质量；促进电动机应用调速技术，降低空载率，实现节电运行；推广远红外加热、微波加热、中高频感应加热等高效加热技术。

电价型需求侧管理主要根据负荷特性，发挥价格杠杆调节电力供求关系，刺激和鼓励用户改变消费行为和用电方式，减少电力需求和电量消耗。目前常用的手段包括以下几类：

（1）调整电价结构。国内外通行的方法主要有设立容量电价、峰谷电价、季节性电价、可中断负荷电价等，通过价格体现电能的市场差别，不仅激发电网公司实施需求侧管理的积极性，还促进用户主动参与需求侧管理活动。

（2）开展需求侧竞价。电力终端用户采取节电措施消减负荷，用户削减的电力和电量在电力交易所通过招标、拍卖、期货等进行交易，获取经济回报。

（3）直接激励措施。给予购置削峰效果明显的优质节电产品用户、推销商或生产商适当比例的补贴，吸引更多的参与者参与需求侧管理活动，形成节电的规模效应；对于优秀节电方案给予"用户节电奖励"，激发更多用户产生提高用电效率的热情；向购置高效节电设备尤其是初始投资较高的用户提供低息或零息贷款，以减少他们参与需求侧管理项目在资金方面存在的障碍；对收入较低或对需求侧管理反应不太强烈的用户实行节电设备免费安装或租赁，以节电效益逐步回收设备成本。

需求侧管理在与灵活性紧密结合的同时，还可有效改善系统的经济性，属于高质量的灵活性资源，但是，参与负荷管理和负荷响应的用户较少，其向系统提供的灵活性数量受到了较大的限制。目前，需求侧管理的研究以运行模式和经济性优化评估为主，它们与灵活性的具体关系和实际应用还有待发掘。

3.3.2 需求侧响应

需求侧响应是一个广域和系统的概念，需求侧通过响应能源价格信号及能源峰值信号的变化、在服务合同约定内执行调节指令等方式参与系统互动，用户根据市场的价格信号或激励机制（措施）做出响应，并且改变常规的消费模式的市场参与行为[22]。具体来说，就是在高峰时引导用户降低负荷甚至反向出力；在低谷时引导用户增加负荷。通过需求侧响应，可以减少高峰负荷或装机容量，提高电网灵活性，并让用户积极参与负荷管理，调整用电方式。

需求侧响应可以划分为基于价格的需求响应和基于激励的需求侧响应，具体如图 3-8 所示。

基于价格的需求侧响应是指用户响应零售电价的变化来调整用电需求。基于价格的需求侧响应一般包括三种方式[23,24]，即分时电价（Time of Use，TOU）、实时电价（Real Time Pricing，RTP）和尖峰电价（Critical Peak Pricing，CPP）：

（1）分时电价。分时电价是指，根据电力系统的负荷特征和电源特性，将 1 年或 1 日划分为峰电、谷电、平电季节或时段，并在电力供应紧张的季节、时段设置高电价，在电力供应充足的季节、时段设置低电价，从而引导资源设备的虚拟化，以大大提高资源的利用效率。虚拟化主要是让电力用户合理安排用电方式，从而实现年度或 24 小时的削峰填谷。

（2）实时电价。实时电价的终端用户价格是直接或间接与批发市场价格相

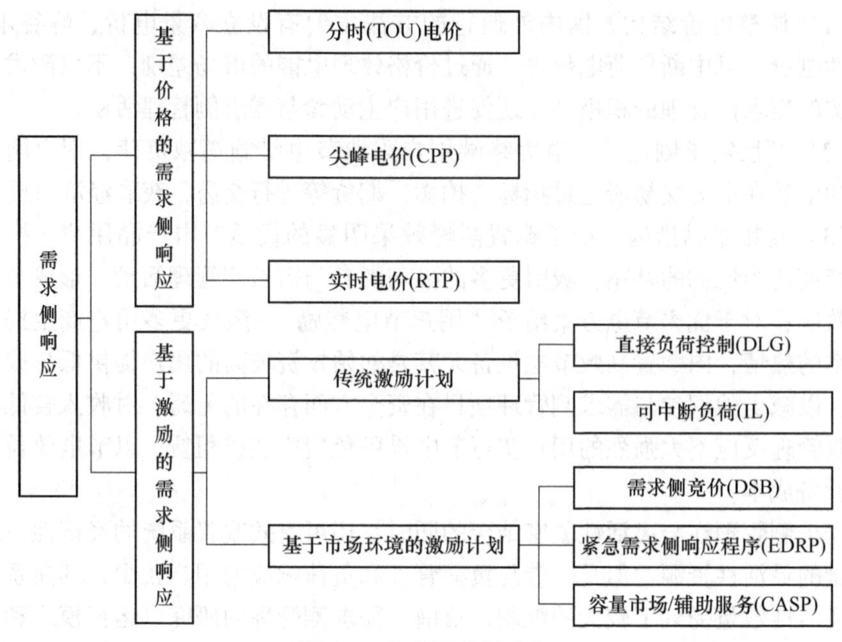

图 3-8 电力需求侧响应

联系的。它是时间分段和定价都不可预知的电价机制，因为它的更新周期为 1 小时甚至更短，而分时电价的更新周期通常为一个季度。极短的更新周期使得实时电价能精确反应各时段供电成本的变化，及时有效传达电价信号。

（3）尖峰电价。尖峰电价是在分段电价的基础上叠加尖峰费率形成的动态电价机制。尖峰电价实施机构先公布尖峰时段（如系统出现紧急情况或电价较高时期）的设定标准和其对应的尖峰费率，终端用户电价在非尖峰电价时段按分时电价的标准执行，在尖峰时段按尖峰费率标准执行。通常会提前一定时间通知用户（一般 1 日之内），以方便用户调整其用电计划。

基于激励的需求侧响应手段较多，除去传统的激励计划外，电力市场还为需求侧响应提供了新的可能，例如：

（1）直接负荷控制。直接负荷控制（Direct Load Control，DLC）是指在系统高峰时段由直接负荷控制机构通过远程控制装置来关闭或者控制用户用电设备的方式。

（2）可中断负荷。可中断负荷（Interruptible Load，IL）是指根据供需双方事先的合同约定，在电网高峰时段，由可中断负荷实施机构向用户发出中断请求信号，经用户响应后中断部分供电的一种方法。

（3）需求侧竞价投标。需求侧竞价投标（Demand Side Bidding，DSB）是指用户可通过改变自己的用电方式，以投标形式主动参与市场竞争并获得相应经济利益。

（4）紧急需求响应程序。紧急需求响应程序（Emergency Demand Response Program，EDRP）是指用户为应对突发情况下的紧急事件，并根据电网负荷调整要求和电价水平发生响应而中断电力需求的方式。

（5）容量市场/辅助服务。容量市场/辅助服务（Capacity and Ancillary Service Program，CASP）是指用户削减负荷作为系统备用，替代传统发电机组提供资源。

不同类型的需求侧响应存在内在联系的同时也具有一定的互补性，其在参与电力系统规划和运行时的时间耦合关系如图 3-9 所示。对于短期调度来讲，可以参与到其中的有实时电价、尖峰电价、可中断负荷、直接负荷控制、需求侧竞价以及紧急需求侧响应。根据需求侧响应的不同响应特性和响应能力，可以将需求侧响应在不同时间尺度上灵活部署于电力系统规划与运行的相应时间阶段。

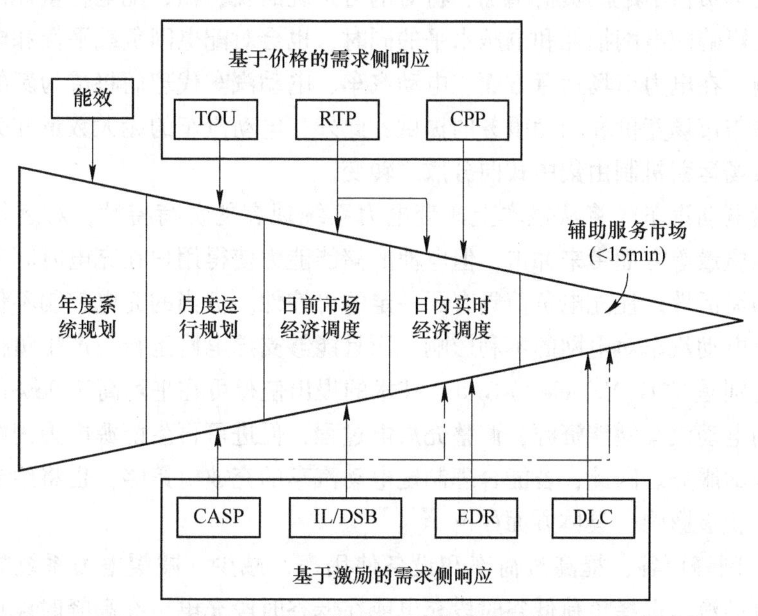

图 3-9 不同时间尺度下的需求侧响应

总的来说，需求侧响应具有多种调整用电方式的措施，可参与各类形式的辅助服务，丰富电力系统调节能力的提供渠道，有利于电网的灵活运行。但我国尚处于电力市场建设初期，电价制定仍由国家管控，还不具有实时动态可变的条件；另外居民用户耗电规模小，参与市场报价的时机也尚未成熟。伴随着叠加电价积分和激励积分等措施的提出，可以在不改变现有电价政策基础上，提高用户参与度，从而降低负荷峰谷差和综合能耗。通过多样化的机制与策略调动需求侧资源参与主动响应将是需求侧响应挖掘需求侧灵活性的重要研究方向，也是提高需求侧在市场环境下用能效率的重要环节。

3.3.3 电动汽车

随着汽车工业的发展以及环境的要求，电动汽车将逐步取代传统汽车的地位，成为家庭常备的交通工具。预计到 2030 年，电动汽车电池总容量将达到 57 亿千瓦时，约为全网用电量的 1/3。电动汽车大规模使用，充电负荷接入电网，将对电力系统的规划、运行以及电力市场的运营产生深刻影响。

受诸多因素影响，电动汽车的充电负荷具有复杂特性。就单一车辆而言，它主要由用户出行需求决定，同时受到用户使用习惯、设备特性等因素的影响。就区域电力系统而言，它还受到电动汽车数量规模、充电设施完善程度的影响。由于用户需求和用户行为的不确定性与相互差异，充电负荷具有一定的随机性和分散性。充电负荷引起的负荷增加，将对电力系统的发、输、配电容量提出更高的需求，在影响配电网损耗和电压水平的同时，也会对配电网负载平衡和电能质量产生影响。在电力市场运营方面，电动汽车、电动汽车代理商将成为新的市场参与方，参与市场竞价和辅助服务的提供；此外，电动汽车的庞大数量和分散特性将导致市场运营机制由集中式向分散式转变。

虽然电动汽车或将从根本上改变电力系统现有的负荷特性，对运行优化控制、电能质量等方面带来冲击，但电池的储能能力使得用户在充电时间选择上具有一定的灵活性，让充电负荷具有了一定的可控性。恰当的充电控制不仅能够抑制、消除电动汽车对电网的不利影响，而且能够支撑电网运行，产生负荷调度的效益。特别是 V2G(Vehicle-to-Grid) 技术的提出使得可在平均高达 96%的空闲时间内利用电动汽车储能资源，调整充放电过程，促进可再生能源电力消纳，为电网提供辅助服务。因此，若能合理制定电动汽车的充放电策略，也将给电力系统带来诸多积极影响，具体方面如下[25]：

(1) 削峰填谷，提高负荷率和设备使用率，减少、减缓电力系统规划建设投资。电动汽车选择负荷低谷时段充电或在低谷时段充电、在高峰时段放电，能实现负荷曲线的削峰填谷，提高负荷率和设备使用率，充分挖掘现有电力系统供电特别是支撑电动汽车运行能力，在保证供电可靠灵活的同时，延缓系统扩建计划。

(2) 跟踪可再生能源出力，维持电力系统运行平衡。传统电力系统运行中，调度、控制发电机出力满足预测负荷，维持系统平衡。可再生能源大规模并网使发电侧出力具有一定的随机性，对系统平衡提出巨大挑战。电动汽车进行积极的充电（V2G）控制，可以实现充电负荷对可再生能源出力变化的跟踪，促进可再生能源消纳。

(3) 为系统提供辅助服务。一般通过控制、调节发电机出力状态和出力水平，提供调频、调峰及备用等辅助服务，通过电动汽车的充放电控制也可以达到类似效果。

(4) 充电控制能够丰富电网运行的调节、控制手段。通过控制各节点电动汽车的充电行为，可以改变电力系统潮流分布情况，从而降低系统网损、改善系统电压质量。例如，网络损耗既可以通过电容器投切、变压器分接头调整等多种手段控制，也可以通过充电控制在时序上对其进行优化。同时，电动汽车 V2G 技术在柔性交流输电（FACTS）系统中也能发挥调节、控制作用，并替代某些电力电子设备实现相应的功能。

从灵活性的角度，对于电力系统而言，电动汽车是新型的随机负荷，其总量较大，充电行为有一定的规律可循，可通过充放电控制调整自身负荷曲线，在时间和空间上都具有一定的灵活性[26]。时间上的灵活性是针对目的地充电（如小区充电或者工作单位充电）类型的充电需求，具体表现为，车辆在充电站内的停放时间一般远大于车辆充电所需要的时间，且车辆充电方式以慢充为主，可根据需要中断或灵活调整功率，也就是说可以通过调整车辆补给能量的时段和功率来实现充电站内车辆的有序充电。随着电气化交通的快速发展、交通网和电网的运行耦合日益深入，道路上行驶车辆的途中补能表现出空间上的灵活性。此类车辆一般在公共充电站以快充方式进行能量补给，其“时间灵活性”较小，但具有较大的“空间灵活性”（即车辆接入电网的地点可以调控）。车辆的“移动”特性带来充电负荷的“空间灵活性”不同于传统电力系统柔性电动汽车充电负荷的“时间灵活性”：车载电池分布式资源在配网内“可按需配置”的特点，为促进新能源发电消纳、消除网络潮流阻塞、保障供电质量等提供了又一有效手段。当电动汽车充放电得以大规模集中管理时，其表现出的总体特性与储能设备相当，可有效改善配电网负荷，使系统的供需平衡问题也得到有效的控制。同时，电动汽车的储能特性可与微电网、需求侧管理等手段结合应用，对电力系统灵活性产生积极的影响。因此，电动汽车具有平抑可再生能源波动、提升系统灵活性的巨大潜力。

电动汽车的灵活性可以定义为“电动汽车利用充放电控制调整自身用电负荷的能力”。电动汽车所能提供的最大向上（向下）灵活性指其通过充放电控制最大能满足的电力系统向上（向下）灵活性缺额。电动汽车有 G2V 和 V2G 两种控制模式。G2V 控制是指电力系统通过调节并网后的电动汽车各时刻充电功率的大小来改变负荷侧总需求；V2G 控制是指与电网连接的电动汽车从其电池中输送功率给电网。当电力系统出现向上灵活性不足时，电动汽车可通过 G2V 控制减小充电功率或通过 V2G 控制向电网放电，充当灵活性资源；电力系统向下灵活性不足时，电动汽车可通过 G2V 控制增加充电功率，减少灵活性需求。合理的电动汽车充放电控制有助于增强电力系统灵活性，减少或者避免新能源限电、削负荷事件的发生。

图 3-10 所示为一种合理的电动汽车灵活性调度方案，其能在保证车主利益的同时，提升电力系统的灵活性[27]。在最大可提供灵活性计算环节，各充电站对站内的电动汽车状态进行统计，计算出下个时刻所能提供的最大向上、向下灵活性信息，并告知电力系统调度中心。在电力系统灵活性需求计算环节，电力系统调度中心可以根据各充电站上报的下个时刻可提供的最大灵活性信息，通过滚动优化的方法计算需要调度的灵活性资源，并向充电站发布灵活性调度指令。在电动汽车灵活性控制环节，各充电站对站内电动汽车进行灵活性控制，参与控制的电动汽车车主会根据实际调度情况获得相应的补贴，实现“双赢”。

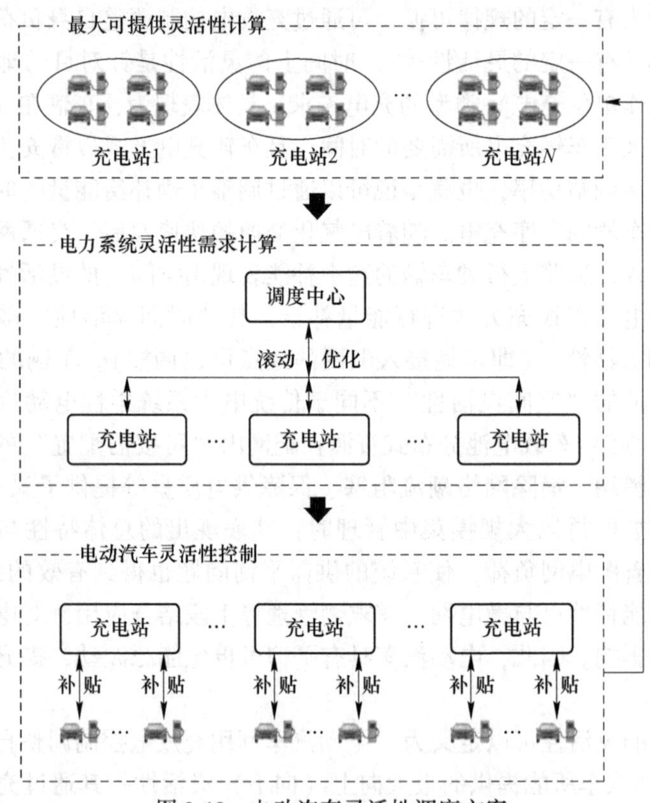

图 3-10 电动汽车灵活性调度方案

3.4 储能资源

电力供需要求实时平衡，电力系统的这种特性要求系统的供给和需求有足够大的灵活度，能够通过不断调节来实现双方的匹配。储能技术不仅可以削峰填谷、平滑负荷，还可以提高系统运行稳定性、调整频率、补偿负荷波动，特别是储能技术与可再生能源的结合，能够调整风力发电、光伏发电的不可预测性，显著提高可再生能源的利用效率。同时，传统电网面临用电高峰期发电成本高、供需不平衡导致输电线路阻塞、发电厂与终端用户远距离输电线路损耗严重等诸多难题，而储能的出现可在保证供用电连续性、可靠性、灵活性的同时，减缓电网扩容投入，节约大量扩容资金和降低运营成本。

除了常规的化学电池储能、抽水蓄能外，当前储能技术已发展成为包含储热技术、压缩空气储能、超导磁储能、飞轮储能、超级电容器等多学科不断更新迭代的技术，在发电侧、电网侧和需求侧都有着广泛的应用[28-31]。其中，氢储能利用电解技术得到氢气，将氢气存储于高效储氢装置中，再利用燃料电池技术将存储的能量回馈到电网，或者将氢气直接应用到氢产业链中去，具有长时间存储与多能源耦合的特性，被认为是极具潜力的新型大规模储能技术。图 3-11 所示为不同类型储能技术的调节能力和响应时间比较。

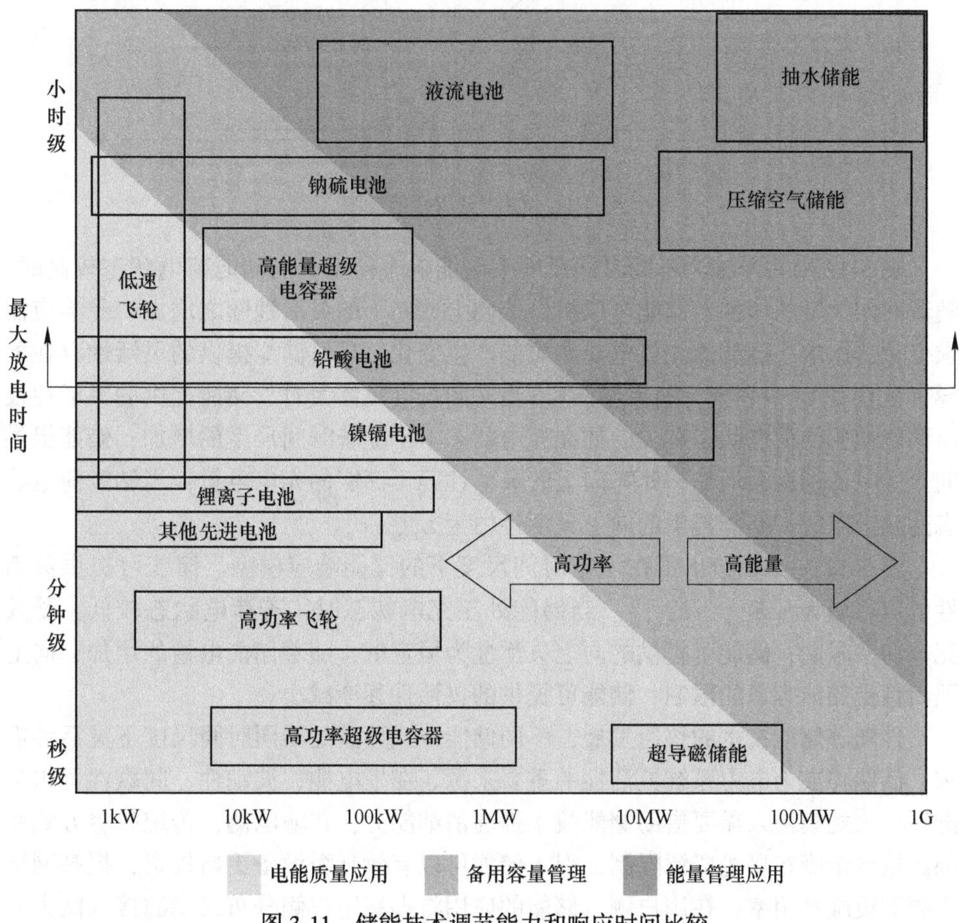

图 3-11 储能技术调节能力和响应时间比较

就储能灵活性而言，储能通过充放电行为优化系统供需平衡，一定时间段内，储能提供的响应量等价于储能的灵活性。储能具有多时间尺度和状态相依性，灵活性与储能荷电状态、充放电状态以及充放电功率有关。不同时间尺度下的储能响应模型和一定时间尺度下的储能响应模型如图 3-12 所示。

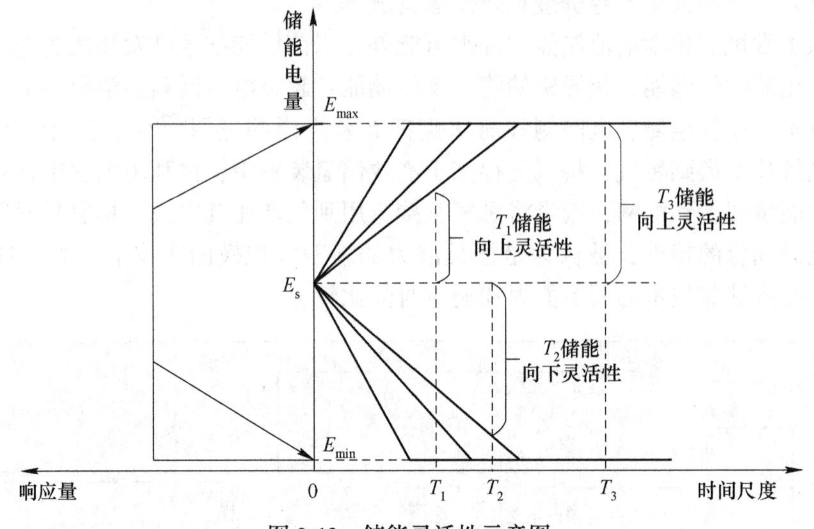

图 3-12 储能灵活性示意图

图 3-12 中右半轴为不同时间尺度下储能响应模型。当储能荷电状态较高时，随着时间尺度的增加，储能可以提供的向上或向下的灵活性随之增加。受响应需求变化的影响，储能的充放电功率可能产生变化，导致储能提供的灵活性存在差异（在图 3-12 中表现为斜率不同）。当时间尺度足够大时，储能提供的灵活性仅与储能初始的荷电状态有关。如在充电状态下，随着时间尺度的增加，储能提供向上的灵活性逐渐增加，此时向上的灵活性等于储能的充电电量，当储能荷电状态达到上限时，储能提供的向上灵活性恒为 $E_{max}-E_s$。

图 3-12 左半轴给出了在一定时间尺度下的储能响应模型。储能可提供灵活性的可行域为［E_{min}，E_{max}］。当储能处于充电状态时，若荷电状态较低，受其充电功率限制，储能可提供的向上灵活性为恒定值，随着储能电量的增加，向上灵活性受储能容量的限制，储能可提供的灵活性逐渐减小。

伴随着储能技术的快速发展，不同储能方式可满足不同时间尺度下灵活性需求，储能将成为电力系统灵活性的重要来源。在发电侧，波动性、间歇性可再生能源的大规模接入需要借助储能技术提高消纳能力；在输电侧，传统扩容方式受限于输电走廊布局等资源限制，引入储能可以有效延缓设备更新投资，提高网络资源和设施利用率；在用户侧，储能的应用将提高用户侧分布式能源接入能力和应对灾变的能力，保证供电可靠灵活，满足电能质量需求，削峰填谷平滑负荷。面向未来高渗透的新能源的接入与消纳，需要构建高比例、泛在化、可共享、可广域协同的储能形态。因此，储能还需向高性能、低边界成本的目标发展，克服经济性、安全性困难，以便在电力系统中得到更好的应用。

3.5　市场机制激励下的灵活性资源

在“双碳”背景下，电网的调峰与平衡将面临更为严峻的挑战。系统中大量具备调节潜力的电力资源在合适的市场机制下，可以通过市场交易的方式有偿让渡自身的调度权限，称为灵活调控能力的供应商，有望为电网提供更多的调控容量，这也意味着可以通过市场手段提供灵活性资源来满足负荷和发电随时间的波动以及系统出现的突发事件。因此，与受管制的电力系统相比，电力市场能更有效地调动系统灵活资源，激励电力系统释放灵活性。

为应对未来新能源主导型电力系统的灵活性需求，需要充分调动多元灵活性资源参与辅助服务市场。已有的市场模式和新兴的市场成员为灵活性交易创造了条件，灵活性产品在电力市场激励下应运而生。最初的灵活性产品是指为了应对系统净负荷曲线波动而设置的一类考虑时段耦合的新型辅助服务交易品种，但该定义较为狭义。随着灵活性这一概念被更为广泛地接受，广义上灵活性产品不局限于上述考虑时段耦合的灵活调节产品，更多指的是输电网和配电网层面一切为保证供需平衡、维持电力系统高效运行的交易产品，根据其提供者和作用场景的差异性可分为3类[32]：(1) 由输电系统运营商（TSO）所组织的各类辅助服务市场中为了保障系统平衡的灵活性产品，主要由传统的火电、水电机组和抽水蓄能机组提供。值得一提的是，近年来新能源场站提供主动支撑和频率响应技术也受到了越来越多的关注。(2) 由配电网运营商（DSO）对需求侧各类分布式能源灵活调节能力进行等效聚合，形成可调度域响应主网的调度信号。(3) DSO利用本地的需求侧灵活性资源缓解配网阻塞，促进配电网的高效运行。理论上讲，所有能够根据调度指令满足技术要求的市场成员均可提供灵活性服务，但考虑到市场的规范性和市场出清模型的实际限制，各类型均按照实际情况设置了一定的准入条件。

短期来看，电力市场机制通过基于现货市场的灵活价格形成机制，激励各方基于成本提供电能量、辅助服务并保证系统有足够的在线容量满足电力需求；长期来看，市场环境下的电力系统调度运行机构可以更好地根据供需形势和价格信号进行长远规划，以保证系统有足够多、足够灵活的可用资源。在市场环境下，发电和输电投资决策可以以一种更加有效透明的方式来进行并且可以适应不断变化的环境。国外成熟电力市场的运行经验也表明，现货市场是抵御系统净负荷波动和应对不确定性以维持系统供需平衡的一种经济有效的办法。一个运行情况良好的现货市场（包括日前和实时市场），允许所有参与者自由地进出市场，促进了电力系统的实时经济调度，是解决高渗透率波动性可再生能源发电问题的有力工具。在与灵活性相关的短期市场中，系统运营商一方面需要根据各市场成员的报价组织市场出清，并根据实际的偏差情况，即系统的灵活性需求，调用相应的平衡服务，实现电力电量的平衡；另一方面需要依据不同市场成员的报价行为及各市场出清结果，划分平衡责任开展相应的结算，实现资金的平衡，即平衡市场在本质上连接了物理性的电力平衡和金融性的资金平衡。近年来，分布式能源的发展促使需求侧市场成员由传统的“消费者”向“产消者”转型，这为提升系统灵活性提供了新途径。通过对需求侧的灵活性资源共享，对外形成聚合等值、形成可调度域向上级电网提供辅助服务，对内通过合理的收益分配机制设计，激励市场成员主动分享自身闲置的分布式资源，实现需求侧灵活性资源利用率的提升，挖掘需求侧的灵活性潜力。

美国和欧洲不少国家在过去 20 年里建立了比较成熟的竞争性电力市场，近年来针对逐步增加的可再生能源发电，也在进一步探索提升电力系统灵活性的市场机制。我国目前的电力市场主要采用政府定价、发电计划管理等手段，尚未形成完善的现货市场价值，现有的辅助服务市场更多地仍然是特定应用场景下的单一设计，缺少真正发挥市场优化资源配置的作用，系统灵活性受限[33]，具体表现为：(1) 市场主体单一，分布式资源在参与市场时遭遇壁垒。目前辅助服务市场的参与主体以火电资源为主，深度调峰煤电机组面临频繁启停的成本问题，且不利于电力系统的低碳转型。可调节水电资源一般仅在枯水期参与系统灵活性调节。需求侧等灵活性资源因自身容量小等问题难以直接参与辅助服务市场，阻碍了灵活性资源发挥自身调节潜力。(2) 价格机制不完善影响市场主体的参与积极性。我国辅助服务的补偿费用由发电企业分担，然而辅助服务作为一种公共产品，费用应由所有受益主体共同承担。当前发电侧“零和博弈”的辅助服务市场，使发电企业面临责任与收益不对等的困境，因此参与市场的积极性不高。(3) 辅助服务交易的区域间壁垒依然存在。长期以来省级电力市场间相对封闭独立，相比于受端省份的平均购电价格，跨省区交易价格普遍较低，导致跨省区辅助服务交易难以开展，阻碍了跨省区资源的优化配置。

基于我国电力市场建设现状和电力系统运行实际，借鉴国外电力市场建设的成功经验，在此给出“近期市场设计”“中期市场设计”和“远期市场设计”分阶段的电力市场体系实施路径，各阶段的目标含义及主要内容如图 3-13 所示[34]。

3.6 小结

电力系统能够通过对灵活性资源快速、准确的调控，满足多元化的灵活性需求，实现自身动态的供需平衡。但各类灵活性资源的性质具有较大不同，在灵活性问题中也有不同的分工。传统能源因为其可靠性高、容量大，通常作为响应灵

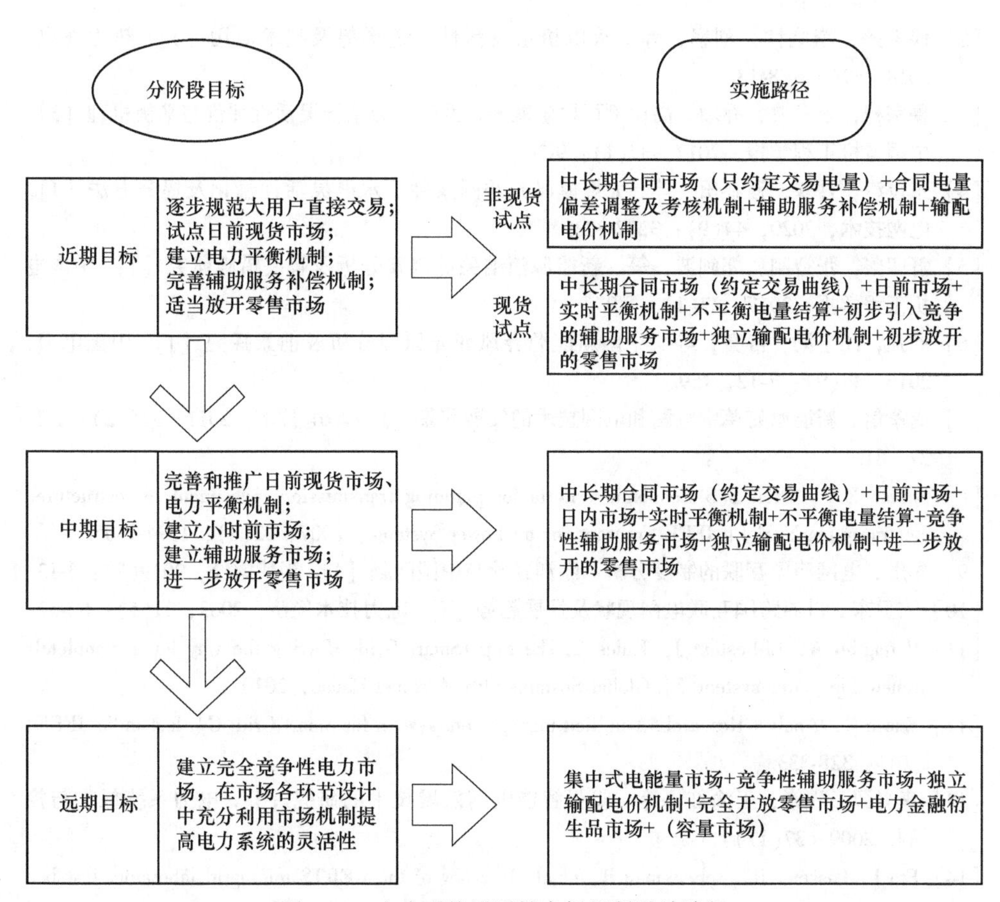

图 3-13　电力系统灵活性市场机制设计路径

活性需求的首选资源；可再生能源可以将弃风弃光等措施视为灵活性调节的一种手段；电网互联和柔性输电可有效促进可再生能源消纳，完成电力资源的高效配置，保障电力系统灵活运行；微电网可通过孤岛模式与并网模式间的无缝转换为电力系统灵活性提供有力支撑；需求侧管理以负荷为对象，根据负荷特点和管理手段实现灵活性的需求响应；储能和电动汽车既可以从电源侧直接响应灵活性需求，又可以从负荷侧间接响应灵活性需求，在完成资源内部优化调整的同时蕴含着巨大的灵活性调节潜力；电力市场可以利用价格杠杆和电力交易机制激发系统潜在灵活调节能力，大大增加其他灵活性资源参与到电力系统灵活性调节中的可能性。

参考文献

[1] 杨勇平，杨志平，徐钢，等．中国火力发电能耗状况及展望［J］．中国电机工程学报，2013，33(23)：1-11，15.

[2] 侯玉婷，李晓博，刘畅，等．火电机组灵活性改造形势及技术应用 [J]．热力发电，2018，47(5)：8-13.

[3] 鲁宗相，李海波，乔颖．高比例可再生能源并网的电力系统灵活性评价与平衡机理 [J]．中国电机工程学报，2017，37(1)：9-20.

[4] 张俊涛，甘霖，程春田，等．大规模风光并网条件下水电灵活性量化及提升方法 [J]．电网技术，2020，44(9)：3227-3239.

[5] 舒印彪，张智刚，郭剑波，等．新能源消纳关键因素分析及解决措施研究 [J]．中国电机工程学报，2017，37(1)：1-9.

[6] 周强，汪宁渤，冉亮，等．中国新能源弃风弃光原因分析及前景探究 [J]．中国电力，2016，49(9)：7-12，159.

[7] 周孝信．新能源变革中电网和电网技术的发展前景 [J]．华电技术，2011，33(12)：1-3，27，81.

[8] Sauma E E，Oren S S. Economic criteria for planning transmission investment in restructured electricity markets[J]. IEEE Transactions on Power Systems，2007，22(4)：1394-1405.

[9] 朱彤．电网跨国互联的制度分析：欧洲经验与中国问题 [J]．当代财经，2019(2)：3-13.

[10] 宋卫东．世界跨国互联电网现状及发展趋势 [J]．电力技术经济，2009，21(5)：62-67.

[11] Battaglini A，Lilliestam J，Knies G. The SuperSmart Grid—Paving the way for a completely renewable power system[J]. Global Sustainability A Nobel Cause，2010.

[12] Enose N，Analyst Research. A unified management system for Smart Grid[C]. Isgt-india. IEEE，2011：328-333.

[13] 李兴源，魏巍，王渝红，等．坚强智能电网发展技术的研究 [J]．电力系统保护与控制，2009，37(17)：1-7.

[14] Eto J，Lasseter R，Schenkman B，et al. Overview of the CERTS microgrid laboratory test bed [C]. Integration of Wide-scale Renewable Resources Into the Power Delivery System，Cigre/ieee Pes Joint Symposium. IEEE，2009.

[15] 訾振宁，何永君，赵东元，等．新一代电力系统灵活柔性特征研究 [J]．电气工程学报，2019，14(3)：1-8.

[16] 刘玉洁，袁旭峰，邹晓松，等．基于柔性多状态开关的分布式电源消纳技术评述 [J/OL]．电测与仪表：1-8[2021-10-06]. http://kns. cnki. net/kcms/detail/23. 1202. TH. 20210810. 1215. 002. html.

[17] 董毅峰．交直流混联电力系统潮流算法研究 [D]．天津：天津大学，2009.

[18] 董新洲，汤涌，卜广全，等．大型交直流混联电网安全运行面临的问题与挑战 [J]．中国电机工程学报，2019，39(11)：3107-3119.

[19] 傅守强，高杨，陈翔宇，等．基于柔性变电站的交直流配电网技术研究与工程实践 [J]．电力建设，2018，39(5)：51-60.

[20] 曹军威，孟坤，王继业，等．能源互联网与能源路由器 [J]．中国科学：信息科学，2014，44(6)：714-727.

[21] 王蓓蓓，李扬，高赐威．智能电网框架下的需求侧管理展望与思考 [J]．电力系统自动化，2009，33(20)：17-22.

[22] Muratori M, Rizzoni G. Residential demand response: Dynamic energy management and time-varying electricity pricing [J]. IEEE Transactions on Power Systems, 2016, 31 (2): 1108-1117.
[23] 李轶鹏．智能电网中的需求侧响应机制 [J]. 江西电力，2012，36(6)：55-58.
[24] 葛乃成，庄立伟．需求侧响应实施方法综述及案例分析 [J]. 华东电力，2012，40(5)：744-747.
[25] 王锡凡，邵成成，王秀丽，等．电动汽车充电负荷与调度控制策略综述 [J]. 中国电机工程学报，2013，33(1)：1-10.
[26] 崔岩，胡泽春，段小宇．考虑充电需求空间灵活性的电动汽车运行优化研究综述 [J/OL]. 电网技术：1-16[2021-10-08]. https://doi.org/10.13335/j.1000-3673.pst.2021.0514.
[27] 姚一鸣，赵溶生，李春燕，等．面向电力系统灵活性的电动汽车控制策略 [J/OL]. 电工技术学报：1-12[2021-10-6]. https://doi.org/10.19595/j.cnki.1000-6753.tces.210515.
[28] 丛晶，宋坤，鲁海威，等．新能源电力系统中的储能技术研究综述 [J]. 电工电能新技术，2014，33(3)：53-59.
[29] 童家麟，洪庆，吕洪坤，等．电源侧储能技术发展现状及应用前景综述 [J]. 华电技术，2021，43(7)：17-23.
[30] 容士兵，鹿文蓬，李松亮，等．电网侧储能经济性研究 [J]. 能源与节能，2021(3)：35-38，72.
[31] 曹锐鑫，张瑾，朱嘉坤．用户侧电化学储能装置最优系统配置与充放电策略研究 [J]. 储能科学与技术，2020，9(6)：1890-1896.
[32] 武昭原，周明，王剑晓，等．双碳目标下提升电力系统灵活性的市场机制综述 [J/OL]. 中国电机工程学报：1-18[2022-05-09].
[33] 吴珊，边晓燕，张菁娴，等．面向新型电力系统灵活性提升的国内外辅助服务市场研究综述 [J/OL]. 电工技术学报：1-17[2022-05-09].
[34] 中国可再生能源电力并网研究协作组．高比例可再生能源并网与电力转型：释放电力系统灵活性 [M]. 北京：中国电力出版社，2017.

4 电力系统灵活性能力评价方法

目前，虽然多种电力系统灵活性评价方法已被提出，并有与之对应的多种灵活性评价指标，但不同方法之间差异显著并不互通，尚未形成得到广泛认同的评价指标体系。鉴于各灵活性评价方法或指标在短时间内难有统一的可能，明辨现有研究的异同及其优缺点，将有利于后续研究工作的开展。为此，本章选取了4种比较有代表性的灵活性评价方法进行简要介绍和梳理归纳，并提出面向新型电力系统的灵活性评价指标体系，弥补传统电网中对于灵活性因素考虑的缺陷，反映新型电力系统的灵活性需求，为实现途径和构建方法提供思路方案。

4.1 现有典型评价方法

灵活性评价方法和指标根据应用情境的不同，大体可分为发电规划和调度运行两个层面。前者用于指导发电规划，后者能为调度运行提供参考。随着研究的深入，灵活性指标的性质也发生了改变，由确定性指标向概率性指标转变[1-3]。确定性指标关注系统在一定时间尺度内的响应能力，物理含义清晰；概率性指标多以概率或期望的形式给出灵活性不足的风险，风险量化含义明确。本节从上述内容中选取 FAST 方法[4]、IRRE 指标[5]、F_T 指标[6] 和 PFNS/EFNS 指标[7] 4种比较有代表性的灵活性评价方法进行简要介绍。

4.1.1 FAST 评价方法

FAST 方法的全称为灵活性评价（Flexibility Assessment，FAST），作为最早的灵活性评价方法之一，由国际能源署于2011年提出，用于指导发电规划[8]。FAST 方法的基本步骤如图 4-1 所示。

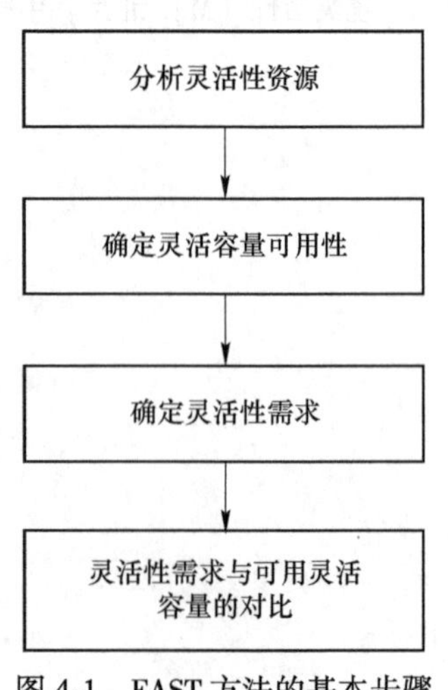

图 4-1 FAST 方法的基本步骤

步骤 1：分析灵活性资源

灵活性资源包括机组、储能、需求侧响应、互联电网等。以机组为例，考察的时间尺度包括 4 个：15min、1h、6h、36h；考察的内容包括 4 个方面：各类型机组装机容量、爬坡速率、启停时间、最小技术出力，由此确定各机组的灵活容量，从而得到各区域的技术灵活资源（Technical Flexible

Resource，TR)。由于各区域规模不同，为能较好地比较不同区域的灵活程度，以 L_{MAX} 表示该区域的最大负荷，定义式（4-1）所示指标，其值越大代表灵活性程度越高：

$$\mathrm{FIX}=\frac{\mathrm{TR}}{L_{\mathrm{MAX}}} \tag{4-1}$$

步骤 2：确定灵活容量的可用性

上一步确定了机组的 TR，但尚未考虑具体运行工况等实际制约因素。为此，按照图 4-2 中的流程进一步分析，得到可用灵活资源（Available Flexible Resource，AR)。不同类型的机组由于运行工况不同所提供的灵活容量也不相同，峰荷机组大部分时段处于离线状态，能够提供上行灵活性；腰荷机组通常在负荷较高时投运，能够提供上行或下行灵活性；基荷机组通常运行在满出力状态附近，能够提供下行灵活性。

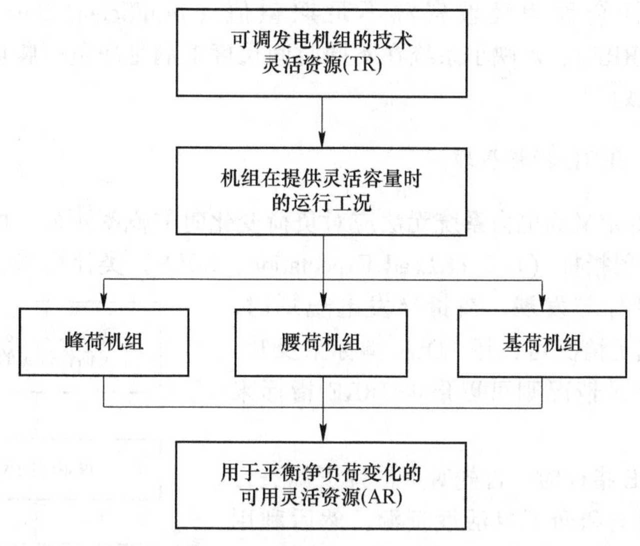

图 4-2 机组的可用灵活资源

步骤 3：确定灵活性需求

以上两步得到了用于平衡净负荷变化的 AR，而灵活性需求可分为两部分：现有灵活性需求和新增灵活性需求。前者如负荷的变化性等将占用一部分 AR，后者由可再生能源的变化性和不确定性导致。当可再生能源出力与负荷变化趋势相一致时，灵活资源将得到释放，比如具有正调峰特性的光伏发电。在 FAST 方法两者被分开考虑，虽偏于保守，但简单易行并可计及最糟糕的情况。

步骤 4：灵活性需求与可用灵活容量的对比

为反映某区域的可再生能源接纳潜能，定义当前可再生能源渗透率潜能指标（Present Variable Renewable Energy Penetration Potential，PVP)，其计算步骤为：

(1) 求取 AR 可以平衡的最大可再生能源容量。假设 15min 时间尺度下，某区域的 AR 为 300MW，可再生能源的最大灵活性需求为其装机容量的 30%，则该区域能平衡的可再生能源容量为：300/30% = 1000MW。

(2) 将可再生能源容量乘以其容量因子再乘以全年小时数，从而得到其年发电量。其中，容量因子为年利用小时数与全年小时数之比。

(3) 将可再生能源年发电量除以该区域的年度总电量需求，即可得到 PVP 指标。

在考察的 4 个时间尺度下分别计算 PVP 指标，取其中最小值作为所研究区域的 PVP 指标。如果步骤 1 中的 AR 因条件限制而难以准确量化，可采用步骤 1 得到的 TR，此时实际 PVP 值应小于计算所得值。

4.1.2 IRRE 评价方法

IRRE 指标全称为爬坡资源不足期望值（Insufficient Ramping Resource Expectation，IRRE），反映了系统在不同时间尺度上满足净负荷爬坡的能力，用于指导发电规划[6]。

4.1.2.1 IRRE 指标原理

IRRE 指标定义为电力系统无法应对负荷变化时的概率预期，由可靠性中的电力不足期望值指标（Loss of Load Expectation，LOLE）类比而来，可以视作可靠性指标的延伸与发展。在指导发电规划时，发电容量的充足情况可以用 LOLE 指标来反映，爬坡能力的充足情况则可以借助 IRRE 指标来说明。

计算 IRRE 指标时，首先对灵活性资源进行分类，分为向上和向下灵活性资源，然后利用 Kaplan-Meier 法估计的累积密度函数得出可用灵活性概率分布，最后通过临界点，找到不同的时间尺度、不同方向和灵活性资源下的 IRRE 值。IRRE 指标的计算流程如图 4-3 所示。其中，可用灵活性分布（Available Flexibility Distribution，AFD）的形成是关键一步，其作用相当于 LOLE 计算中的停运容量概率表（Capacity Outage Probability Table，COPT），而根据 AFD 计算 IRRE 的原理与根据 COPT 计算 LOLE 基本一致。

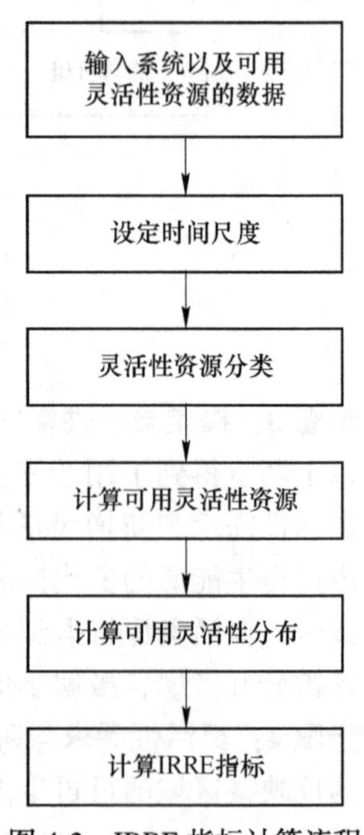

图 4-3 IRRE 指标计算流程

4.1.2.2 形成 AFD

在某观测时刻，某一时间尺度内某资源能够提供的爬坡容量即为该资源能够提供的灵活性。假设某机组出力上/下限为 100MW/40MW，爬坡速率为 4MW/min，启动时间为 4min。在 15min 时间尺度下，当机组出力为 85MW 时，可提供的上行灵活性为 15MW，下行灵活性为 45MW；当机组停机时，可提供的上行灵活性为 4×(15-4) = 44MW，下行灵活性为 0MW。可见，机组提供灵活性的能力受三个因素的限制：爬坡速率、出力上下限、启动时间。

机组提供灵活性的能力还与其运行位置有关，因此，为得到 AFD，需先根据全年典型日的净负荷曲线求解机组组合，从而确定各个观测时刻的机组出力；然后，在选定的时间尺度下，在各观测时刻计算系统能够提供的上行、下行灵活性；进而对同一方向、不同观测时刻系统能够提供的灵活性数值进行统计，得到灵活性的经验分布函数，比如某系统的上行 AFD 如图 4-4 所示。

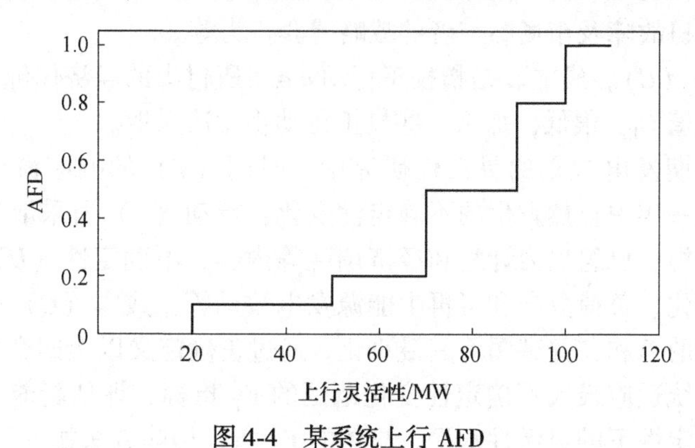

图 4-4 某系统上行 AFD

4.1.2.3 计算 IRRE

计算 IRRE 时，对于灵活性资源 i，可计算出资源的灵活性概率分布，记为 $D_{i,+/-}(X)$，其中 X 表示灵活性资源 i 可以提供的向上或向下的容量。若系统此时所需的容量为 Y(MW)，则灵活性资源 i 能满足系统容量要求的概率为 $D_{i,+/-}(Y)$，从而由临界点可以得到其不能满足系统所需容量的概率 $P_{\mathrm{un},i,+/-}$，表示为

$$P_{\mathrm{un},i,+/-} = D_{i,+/-}(Y - \varepsilon),\ \varepsilon > 0 \tag{4-2}$$

式中，ε 为绝对值很小的正值。

为方便计算，ε 通常取 1MW，则

$$P_{\mathrm{un},i,+/-} = D_{i,+/-}(Y - 1) \tag{4-3}$$

故 IRRE 的值可写为

$$\mathrm{IRRE}_{i,+/-} = \sum P_{\mathrm{un},i,+/-} \tag{4-4}$$

为方便不同时间尺度下 IRRE 值的比较，可对其进行归一化处理，即用每个时间尺度下的 IRRE 值除以该时间尺度下的观测时刻数。

4.1.3 F_T 评价方法

F_T 指标是一种抽象的表示形式，并非英文单词的缩写，没有具体的物理含义。该指标旨在构建一种灵活性评价的统一框架，以综合考虑各种因素对于电力系统灵活性的影响，用于指导调度运行[9]。该方法将灵活性的影响因素归结为以下四个方面：

(1) 时间 (T)。响应时间 T 是指系统可以用来响应有功偏差、维持有功平衡的时间。不同的 T 下，系统可能存在不同的灵活性水平。

(2) 行动 (A)。校正行动 A 是指系统可采取的维持有功平衡的行动。显然，允许的 T 不同，则 A 不同，故 A 为 T 的函数，即 A (T)。

(3) 不确定性 (U)。不确定性 U 由系统未来运行信息的缺乏所导致，包括预测误差、随机故障及市场参与者的战略博弈行为等。

(4) 成本 (C)。成本 C 是指校正行动 $a \in A$ 所付出的经济代价 C (a)，如果允许的成本限值 $C_{\lim}$ 很低，那么一些校正行动将无法采取。

例如在长期发电规划的灵活性研究中，时间 (T) 的响应窗口可以设置为年，用于反映一年中自然发生的不确定性变化；行动 (A) 所采取的措施可以包括是否建设机组、机组出力计划和经济调度等内容；不确定性 (U) 考虑的可以是负荷水平变化、负荷分布和可再生能源发电波动等；成本 (C) 一般为机组调度和投资成本的总和，并试图将其最小化。通过正确定义以上四个关键因素，可以构建度量系统适应最大不确定性变化范围的 F_T 指标，评估新能源出力不确定性和负荷不确定性下的灵活性水平。具体的 F_T 指标构建方法如下。

在一定的 T 内，电力系统所面临的不确定性范围为：

$$U_T = \{u \mid u^{-LB} \leqslant u \leqslant u^{-UB}\} \tag{4-5}$$

式中，上标 LB 和 UB 分别表示下限和上限，下同。

在一定的 T 内，系统可接纳的不确定性范围可以通过式 (4-6) 和式 (4-7) 求得：

$$\max_{u^{LB},\, u^{UB},\, a(\cdot)} \quad \sigma(u^{LB},\ u^{UB}) \tag{4-6}$$

$$\text{s. t.} \begin{cases} Aa(u) + Bu \leqslant b, & \forall u \in [u^{LB},\ u^{UB}] \\ c^T a(u) \leqslant C_{\lim}, & \forall u \in [u^{LB},\ u^{UB}] \end{cases} \tag{4-7}$$

式 (4-7) 中，两个约束分别表示系统运行的物理约束和经济约束，式 (4-6) 的解记作 (u^{LB}, u^{UB})。

通过比较系统所面临的不确定性范围与系统可接纳的不确定性范围的相对大小，可得到灵活性指标：

$$F_T = \begin{cases} 1, & \text{if}[u^{LB}, u^{UB}] \supseteq [u^{-LB}, u^{-UB}] \\ 0, & \text{otherwise} \end{cases} \tag{4-8}$$

式中，值为1表示系统能够应对所面临的不确定性范围，即灵活性充足；值为0表示系统无法完全应对所面临的不确定性范围，即灵活性不足。

系统可接纳的不确定性范围与系统所面临的不确定性范围的差值，表示系统运行的灵活性裕度：

$$\begin{cases} F_T^{UB} = u^{UB} - u^{-UB} \\ F_T^{LB} = u^{-LB} - u^{LB} \end{cases} \tag{4-9}$$

在实时运行中，该灵活性指标用鲁棒优化方法求取，并可综合考虑4个影响因素的作用。假设求得的结果如图4-5所示，则表明系统在时段 M 面临下调灵活性不足的风险，在时段 N 面临上调灵活性不足的风险。

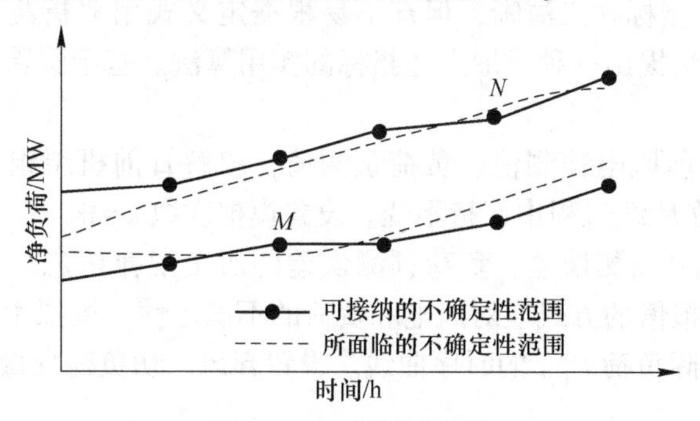

图4-5 F_T 指标示意图

4.1.4 PFNS/EFNS 评价方法

PFNS 和 EFNS 的含义分别为灵活性不足概率（Probability of Flexibility Not Supplied，PFNS）和灵活性不足期望值（Expected Flexibility Not Supplied，EFNS)，在涉及上下两个方向时，又可细分为 P_{UFNS}、E_{UFNS}、P_{DFNS}、E_{DFNS}[10]。下面以风电接入的电力系统为例对指标进行说明。

4.1.4.1 指标定义

日前调度计划给定后，在运行日内，上调灵活性不足概率 P_{UFNS} 是指上调灵活性供给无法满足上调灵活性需求的概率；上调灵活性不足期望 E_{UFNS} 指上调灵活性供给无法满足上调灵活性需求的差值的期望值。下调灵活性同理。

对于在线机组，其能够提供的上调、下调灵活性如式（4-10）和式（4-11）所示：

$$R_{U,t} = \sum_{t=1}^{N} [\min(P_{i\max} - P_{i,t}, r_i^{up} \cdot \Delta T)] \tag{4-10}$$

$$R_{\mathrm{D},t} = \sum_{t=1}^{N} \left[\min(P_{i,t} - P_{i\max},\ r_i^{\mathrm{down}} \cdot \Delta T) \right] \tag{4-11}$$

于是，根据上述定义，P_{UFNS}、E_{UFNS}、P_{DFNS}、E_{DFNS} 四个指标的定义式分别如式（4-12）~式（4-15）所示：

$$P_{\mathrm{UFNS},t} = \Pr\{R_{U,t} < P_{\mathrm{N},t+1} - P_{\mathrm{N},t}\} \tag{4-12}$$

$$E_{\mathrm{UFNS},t} = (P_{\mathrm{N},t+1} - P_{\mathrm{N},t} - R_{\mathrm{U},t}) \cdot P_{\mathrm{UFNS},t} \tag{4-13}$$

$$P_{\mathrm{DFNS},t} = \Pr\{R_{D,t} < P_{\mathrm{N},t} - P_{\mathrm{N},t+1}\} \tag{4-14}$$

$$E_{\mathrm{DFNS},t} = (P_{\mathrm{N},t} - P_{\mathrm{N},t+1} - R_{D,t}) \cdot P_{\mathrm{DFNS},t} \tag{4-15}$$

式中，$\Pr\{\cdot\}$ 指概率；$P_{\mathrm{N},t}$ 为系统在 t 时刻的净负荷，即负荷值减去风电值。

4.1.4.2 指标计算

PFNS/EFNS 指标含义清晰，但却不易根据定义式用解析法直接求取，可以基于蒙特卡洛算法提出一种求取上述指标的实用算法。基于蒙特卡洛模拟法的求取流程如下：

（1）根据日前风电预测值、负荷预测值，求解日前机组组合，确定机组启停变量 $\gamma_{i,t}$，并在后续过程中保持不变。设置模拟次数 $k=0$。

（2）根据风电预测误差、负荷预测误差的历史规律信息，通过在预测值上叠加预测误差模拟值的方式应对风电和负荷的不确定性，模拟生成可能的实际风电功率 $P_{\mathrm{W},t}^k$、实际负荷 $P_{\mathrm{L},t}^k$ 的时序曲线。设置弃风、切负荷变量，求解经济调度模型：

$$\min \sum_{t=1}^{T} \left[c_{\mathrm{W}} \cdot \Delta P_{\mathrm{W},t} \cdot \Delta T + c_{\mathrm{L}} \cdot \Delta P_{\mathrm{L},t} \cdot \Delta T + \sum_{i=1}^{N} f_i(P_{i,t}) \right] \tag{4-16}$$

$$\text{s.t.} \begin{cases} \sum_{i=1}^{N} P_{i,t} + P_{\mathrm{W},t}^k - \Delta P_{\mathrm{W},t} = P_{\mathrm{L},t}^k - \Delta P_{\mathrm{L},t} \\ -r_i^{\mathrm{down}} \cdot \Delta T \leqslant P_{i,t} - P_{i,t-1} \leqslant r_i^{\mathrm{up}} \cdot \Delta T \\ 0 \leqslant \Delta P_{\mathrm{W},t} \leqslant P_{\mathrm{W},t}^k,\ 0 \leqslant \Delta P_{\mathrm{L},t} \leqslant P_{\mathrm{L},t}^k \\ \gamma_{i,t} \cdot P_{i\min} \leqslant P_{i,t} \leqslant \gamma_{i,t} \cdot P_{i\max} \end{cases} \tag{4-17}$$

式中，c_{W}、c_{L} 分别为弃风、切负荷的惩罚因子；$\Delta P_{\mathrm{W},t}$、$\Delta P_{\mathrm{L},t}$ 为对应的弃风量、切负荷量；$f_i(\cdot)$ 为机组 i 的运行成本函数。

设置 4 个初始值均为 0 的中间变量 x_{up}、y_{up}、x_{down}、y_{down} 用来记录模拟结果。若 $\Delta P_{\mathrm{L},t}$ 不全为零，说明系统上调灵活性不足，用式（4-18）计算；同样地，若 $\Delta P_{\mathrm{W},t}$ 不全为零，说明下调灵活性不足，用式（4-19）计算：

$$\begin{cases} x_{\mathrm{up}} = x_{\mathrm{up}} + 1 \\ y_{\mathrm{up}} = y_{\mathrm{up}} + \sum_{i=1}^{T} \Delta P_{\mathrm{L},t} \end{cases} \tag{4-18}$$

$$\begin{cases} x_{\mathrm{up}} = x_{\mathrm{up}} + 1 \\ y_{\mathrm{down}} = y_{\mathrm{down}} + \sum_{i=1}^{T} \Delta P_{\mathrm{W},t} \end{cases} \tag{4-19}$$

(3) $k=k+1$，按式（4-20）计算灵活性指标。设 V 为 n 维数组 $\{X_k\}$ 的标准差系数，按式（4-21）计算上述 4 个指标的标准差系数，判断式（4-22）是否满足，若满足则计算结束，不满足则转至步骤（2）：

$$\begin{cases} P_{\mathrm{UFNS},k} = \frac{1}{k} x_{\mathrm{up}}, \quad E_{\mathrm{UFNS},k} = \frac{1}{k} y_{\mathrm{up}} \\ P_{\mathrm{DFNS},k} = \frac{1}{k} x_{\mathrm{down}}, \quad E_{\mathrm{DFNS},k} = \frac{1}{k} y_{\mathrm{down}} \end{cases} \tag{4-20}$$

$$V = \sqrt{\sum_{n} (X_k - X_{\mathrm{m}})^2 / (k-1)} / X_{\mathrm{m}} \tag{4-21}$$

$$\max\{V_{P_{\mathrm{UFNS}}}, V_{E_{\mathrm{UFNS}}}, V_{P_{\mathrm{DFNS}}}, V_{E_{\mathrm{DFNS}}}\} \leqslant \varepsilon \tag{4-22}$$

式中，X_{m} 为 $\{X_k\}$ 的平均值；ε 为设置的收敛阈值。

4.1.5 四种评价方法比较

通过前 4 节对各类灵活性评价方法介绍可见，4 种灵活性评价方法之间差异明显，形式上的共通性也有限。各类灵活性评价方法虽然都反映电力系统的响应能力，但各方法在应用情境、评价所针对的客体、指标性质等方面均有所不同，4 种评价方法的对比见表 4-1[11]。

表 4-1 各灵活性评价方法对比

评价方法	应用情景	评价的客体	指标性质
FAST 方法	发电规划	电力系统的可再生能源接纳潜力	确定性
IRRE 指标	发电规划	电力系统满足净负荷爬坡的能力	概率性
F_T 指标	调度运行	实时调度运行的灵活性充足情况	确定性
PFNS/EFNS 指标	调度运行	日前调度计划的灵活性充足情况	概率性

正是由于各灵活性评价方法在应用情境和评价客体等方面的不同，导致各方法相互之间不具有直接的可比性，换言之，难以通过算例对各灵活性评价方法的效果进行定量化的直接比较。下面对 4 类灵活性评价方法的优缺点进行分析：

（1）FAST 方法的优缺点。FAST 方法的优点在于原理简明，计算方便，可比较不同区域电力系统的灵活性情况，并可估算可再生能源的消纳潜力。该方法的不足在于，它在很大程度上是一种纲领性的指导，方法实施过程中的多个环节需要结合实际情况进行估算，假若估计不当，会影响灵活性评价结果的可信度。总而言之，该方法主要用于工程的概略估计，而非精确的数值计算。

(2) IRRE 指标的优缺点。IRRE 指标的优点在于能够反映不同时间尺度上系统应对净负荷时的爬坡能力，可为发电规划提供一定参考。该指标的灵感来自对可靠性 LOLE 指标的类比，但其原理仍较抽象，主要原因在于该指标反映的是长时间研究周期内的统计规律，系统在某具体时段的爬坡能力与该时段的爬坡需求间的关系未必与指标相符。IRRE 指标构思精妙，是灵活性进行定量化数值评价的开山之作。然而，其计算原理上的固有不足，导致其实用性受限，从而限制了该指标的广泛应用。

(3) F_T 指标的优缺点。F_T 指标的优点在于物理含义清晰，全面考虑了灵活性的各种限制因素和影响因素，能够为系统的实时运行提供一定指导。它的不足在于该指标需要基于鲁棒优化方法求取，计算较为复杂，可定性判断灵活性是否充足，并可给出简明的灵活性裕度指标，但难以给出量化的灵活性不足概率或期望信息。此外，该指标虽然形式简洁，但在实际求取过程中不免进行一些假设、简化和近似，从而使得指标受主观因素的影响较大。

(4) PFNS/EFNS 指标的优缺点。PFNS/EFNS 指标的优点在于结合电网运行条件定量化给出了灵活性不足的概率和期望值，工程化实现了对灵活性不足风险的评估，有望为系统运行提供有力指导。该指标在计算中假定日前机组组合确定后，整个运行日保持不变，考虑的灵活性资源仅限于在线机组，这种理想化处理与系统运行实际存在一定偏差，没有计及快速启动机组等可在日内调度阶段加入的灵活性资源，因而评估结果偏保守。此外，该指标计算的准确性在很大程度上取决于目前阶段对次日风电预测误差时间序列的合理模拟。

4.2 灵活性评价指标体系

综合分析目前有关电力系统灵活性评价方法的研究，灵活性评价指标体系仍未完善。现有大多数灵活性成果缺乏面向全部灵活性资源的评估模型，难以揭示电力系统运行机理，适用范围较为有限。在面对高比例可再生能源电力系统的需求和挑战时，亟需一套能够量化反映系统灵活性是否充足的指标体系，在灵活性出现不足时，能够指出关键薄弱环节在哪里，进而发挥灵活性资源优势，满足系统灵活性实时平衡。但是由于电力系统灵活资源种类众多、不确定性来源广泛，准确的灵活性评价建立在对每一类灵活资源运行特性的精确建模，以及对各类不确定性现象的合理考虑，而各类灵活资源在运行时间尺度下具有不同的特性，如常规机组的灵活性与机组运行点密切相关，而储能等设备的灵活性则与其工作状态（充/放电）密切相关，因此，如何建立基于多类型不确定性和不同特性灵活资源的电力系统灵活性量化评价方法成为关键难题。对此，提出元件级-区域级-系统级的多维灵活性评价指标体系。

4.2.1 元件级灵活性评价指标

由第3章可知，电源、储能、可控负荷等设备的灵活性与其固有的物理属性和当前所处的运行状态相关。以传统发电机组为例，为应对负荷的变化，机组出力的灵活调节能力既取决于机组固有的额定容量、最小技术出力、启停时间、爬坡率等固有物理属性，又取决于机组当前的启停和出力状态。因此，元件级的灵活性指标可以基于设备的爬坡率、运行上下限、强迫停运率等物理约束进行考虑，这点在IRRE指标的构建中也有体现。

4.2.2 区域级灵活性评价指标

通常意义上的电力系统灵活性资源包括水电、火电、燃气发电等常规电源，抽水蓄能电站、电池、压缩空气等储能设施，电动汽车、可控负荷、微电网等需求侧管理对象。上述设施相对于电力网络而言，其共有的特征就是同时具有能量、功率、爬坡率三方面的属性。由于电力网络本身并不具备能量变换和功率爬坡调节能力，所以电力网络的灵活性也主要体现在其所能承受的传输容量即其功率属性上，而电力网络的功率属性又取决于组成电力网络的每一条支路的传输容量和整个网络的拓扑结构，因此，输电网络的灵活性指标可以基于输电支路的静态安全裕度和潮流分布因子进行定义[12]，如式（4-23）~式（4-25）所示：

$$\bar{C}_{ij}(I_{\text{marg}}) = \frac{\sum_{i=1,\ j=1}^{N_{\text{b}}} I_{\text{marg}}^{ij} C_{\text{tot}}^{ij}}{\sum_{i=1,\ j=1}^{N_{\text{b}}} I_{\text{marg}}^{ij}} \tag{4-23}$$

$$C_{\text{tot}}^{ij} = \sum_{k=1}^{N_{\text{b}}} |C_k^{ij}| k \tag{4-24}$$

$$C_k^{ij} = y_{ij}(Z_{ik} - Z_{jk}) \tag{4-25}$$

式中，N_{b} 为网络中的节点数目；i，j 为网络中支路的两端节点编号；I_{marg}^{ij} 为支路 ij 的电流裕度（最大工作电流与实际工作电流的差值）；C_k^{ij} 为支路 ij 相对于节点 k 的潮流分布因子；C_{tot}^{ij} 为支路相对于所有发电机节点的潮流分布因子的绝对值之和；y_{ij} 为支路的串联导纳；Z_{ik} 为节点阻抗矩阵中节点 i、k 之间的互阻抗。

由上述指标的定义可知，电力网络的灵活性一方面取决于网络中各个支路的安全裕度，裕度越大，可用于传输电能的容量越大；另一方面，在安全裕度相等的情况下，各支路相对于发电机节点的潮流分布因子越小，发电机节点的出力扰动对电力网络运行状态的影响越小，网络也就越灵活。

4.2.3 系统级灵活性评价指标

系统级的灵活性量化指标主要用于衡量在一定的安全和经济约束下，整个系统所具备的灵活调节能力和调节空间。目前针对系统级灵活性的量化指标主要分三种类型：一是利用系统的可靠性指标量化系统灵活性；二是基于系统中各“灵活源”的能量、功率、爬坡率等特性定义总的系统级的技术灵活性指标；三是将系统各“灵活源”的经济特性技术特性综合考虑，把经济代价约束纳入系统的灵活性量化指标中。

综上所述，元件级、区域级至系统级各时间尺度灵活性定量评价体系如图4-6所示[13]。

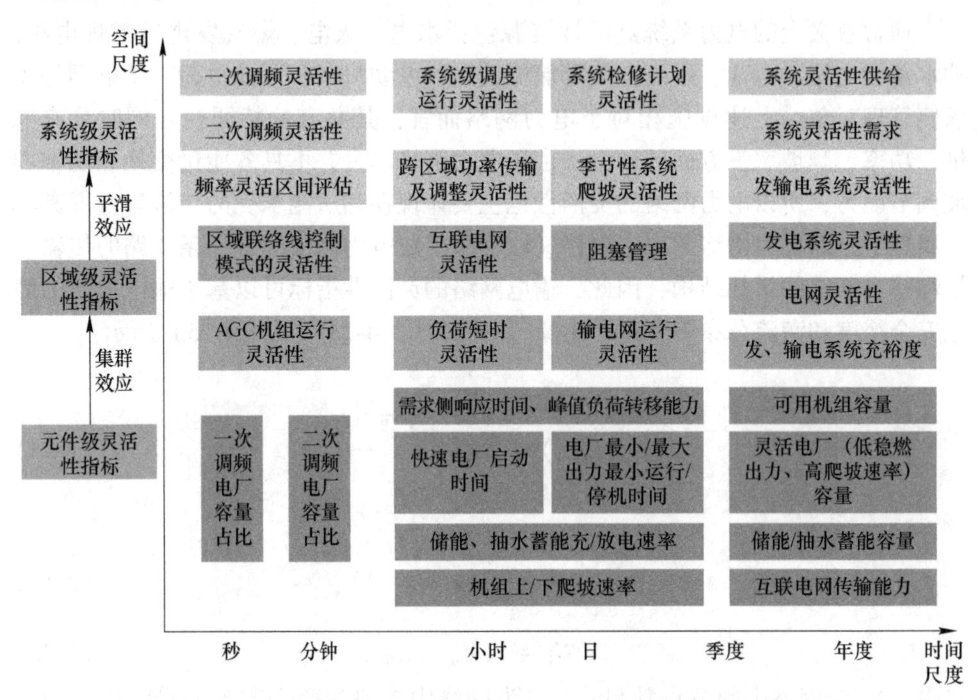

图4-6 电力系统多维度、多时间尺度灵活性定量评价

此灵活性评价指标体系具有多维属性，不仅能够反映系统的灵活性，也能够反映元件的灵活性、区域级的灵活性、发电系统的灵活性及输电系统的灵活性。系统级的灵活性指标能够反映当前灵活资源配置是否充足，如果灵活性不足，则能够通过区域级灵活性、发电系统灵活性、输电系统灵活性定位薄弱环节，而元件级灵活性指标则作为灵活资源优化的指示参量。

元件级灵活性评价指标体系应从各类灵活资源对灵活性有影响的特征参数入手，以火电机组为例，其最低稳燃出力、爬坡率、最小运行/关机时间、启动时间等均是特征参数，需要寻找一种综合评价方法，形成火电机组灵活性的关键评价指标。元件级指标属于各类灵活资源的固有属性，与系统运行点无关，可作为灵活资源优化规划的输入参数。区域级、发电系统、输电系统乃至全系统灵活性指标均反映对应系统灵活性是否充足，如不充足，则应能够准确反馈至灵活资源，如发电系统灵活性不足，则需要调整常规机组、储能、需求侧响应等资源的优化参数；如果输电系统灵活性不足，则需要调整电网规划方案。系统级灵活性指标评价模型依托于各类灵活资源的详细运行模拟计算，与系统运行点具有较强耦合性。

4.3 小结

本章介绍了国内外4类主流的灵活性评价方法指标，通过对比分析发现在灵活性评价方面，不同方法之间对于问题的侧重点不同，导致各类方法之间差异显著且适用性有限，有关灵活性评价的统一公认指标仍未形成。目前，各类指标均限于学术上的讨论，尚未有广泛实际的工程应用。原理清晰、计算简明、实用性强的定量化灵活性评价方法是未来进一步探索和研究的方向，为此给出元件级-区域级-系统级的灵活性评价指标框架，为实现多维度、多时间尺度的灵活性定量评价提供参考。

参考文献

[1] 孙伟卿，宋赫，秦艳辉，等．考虑灵活性供需不确定性的储能优化配置 [J]. 电网技术，2020，44(12)：4486-4497.

[2] 孙伟卿，田坤鹏，谈一鸣，等．考虑灵活性需求时空特性的电网调度计划与评价 [J]. 电力自动化设备，2018，38(7)：168-174.

[3] Tang J, Dong X, Qin Y. A new power system flexibility evaluation method considering wind curtailment[C]. 2021 IEEE 2nd China International Youth Conference on Electrical Engineering (CIYCEE), 2021: 1-6.

[4] Yasuda Y, Ardal A R, Carlini E M, et al. Flexibility chart: Evaluation on diversity of flexibility in various areas[C]. 12th International Workshop on Large-Scale Integration of Wind Power into Power Systems as Well as on Transmission Networks for Offshore Wind Power Plants, London, UK. 2013: 6.

[5] Lannoye, Eamonn. Renewable energy integration: Practical management of variability, uncertainty, and flexibility in power grids[J]. IEEE Power & Energy Magazine, 2015, 13(6): 106-107.

[6] Zhao Jinye, Zheng Tongxin, Litvinov Eugene. A unified framework for defining and measuring flexibility in power system[J]. IEEE Transactions on Power Systems: A Publication of the Power Engineering Society, 2016, 31(1): 339-347.

[7] 李海波，鲁宗相，乔颖，等．大规模风电并网的电力系统运行灵活性评估 [J]. 电网技

术，2015，39(6)：1672-1678.
[8] Authors U. Harnessing variable renewables：A guide to the balancing challenge[M]. OECD/IEA，2011.
[9] 杨建．电力系统灵活性评价及优化配置研究［D]．济南：山东大学，2017.
[10] 施涛，朱凌志，于若英．电力系统灵活性评价研究综述［J]．电力系统保护与控制，2016，44(5)：146-154.
[11] 施涛．主动配电网多源优化配置和经济调度技术研究［D]．南京：东南大学，2017.
[12] Bresesti P，Capasso A，Falvo M C，et al. Power system planning under uncertainty conditions. Criteria for transmission network flexibility evaluation[C]//Power Tech Conference Proceedings，2003 IEEE Bologna. IEEE，2015.
[13] 鲁宗相，李海波，乔颖．含高比例可再生能源电力系统灵活性规划及挑战［J]．电力系统自动化，2016，40(13)：147-158.

5 电力系统灵活性资源规划技术

构建以新能源为主体的新型电力系统是实现“双碳”目标的重要途径，合理规划是保证电力系统经济发展与可靠运行的基础。基于电量平衡和预留备用裕度的规划方法难以有效应对高比例新能源出力的强随机波动性所带来的灵活性需求，导致电力系统面临新能源消纳难题和安全运行风险。因此，研究适用于新型电力系统的规划方法对于提升系统整体灵活性，促进新能源消纳，实现“碳达峰”和“碳中和”目标具有重要意义。

5.1 不确定性因素处理方法

现阶段灵活性需求来源于源网荷的各个层面，使电力系统具有了来自多方面的不确定性（图 5-1）。大量的不确定性因素导致电力系统规划运行十分复杂，在机组组合、经济调度、旋转备用调度等方面引发了新的挑战，如何平衡负荷需求和确保系统灵活性充裕变得愈发困难，是当前电力系统面临的严峻的考验。解决由可再生能源出力不确定性因素引起的电网灵活规划和优化调度问题已成为目前的研究热点，考虑不确定性因素的电力系统规划运行问题实际上为不确定性环境下的决策问题。对于这类问题，一般可通过建立数学模型，并采用随机优化、鲁棒优化以及分布鲁棒优化等方法求解。对于无法建立解析数学模型的问题，例如弱可观系统运行问题，则可借助于数据驱动的方法感知其运行状态、优化其运行方式。

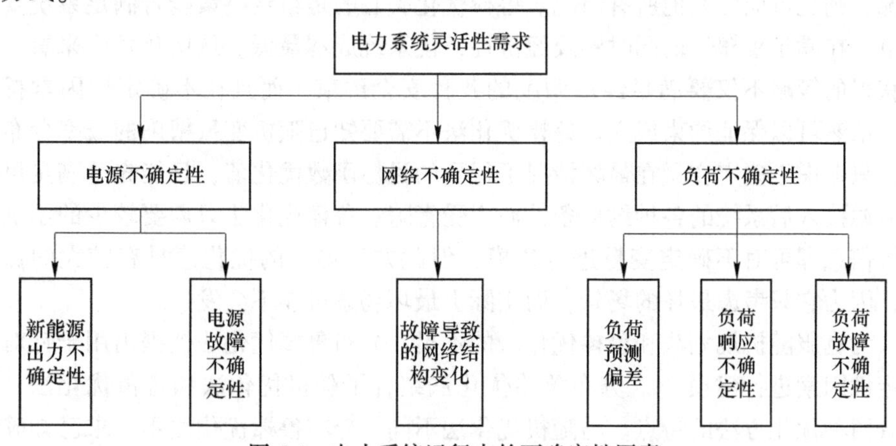

图 5-1　电力系统运行中的不确定性因素

5.1.1 基于模型的数学规划求解技术

当前，解决不确定性环境下电力系统规划运行问题的方法主要包括随机规划（Stochastic Programming，SP）、鲁棒优化（Robust Optimization，RO）以及分布鲁棒优化（Distributionally Robust Optimization，DRO）。随机规划通常基于不确定变量的概率分布信息，结果以期望的形式进行展示；而鲁棒优化并不明确要求获得不确定变量的概率分布情况，采用不确定集合来表征不确定性；分布鲁棒优化既利用了随机变量的统计信息，又在一定程度上保证了方案的可靠性。

随机规划的建模方法通常以最小化期望总成本为目标，显式地考虑不确定性的概率分布，产生离散场景来模拟不确定性的可能情况，在海量场景中选择出具有代表性的离散场景，再根据这些场景进行优化决策[1]。随机规划法为应对电力系统中的各种不确定性提供了完善的理论框架与决策机制，但应用于大规模系统时仍具有一定的复杂性与局限性：一方面，由于扰动因素众多，概率分布规律非常复杂且难以获得；另一方面，结果的精确程度需要大量场景来保证，但海量的场景会加重计算的负担，在大规模系统中求解更为棘手。此外，除了通过场景构造，还有基于点估计方法和考虑机会约束的随机规划方法。在应用于电力系统时，随机规划法通过对可再生能源发电波动进行概率建模，进而将其不确定性转化为机会约束或生成一系列随机场景进行求解。随机规划法可以得到数学期望意义下的最优调度，但是计算量大、机会约束难以求解、不确定变量概率分布复杂等问题限制了随机规划法在现实中应用的推广。

不同于随机规划采用概率分布描述不确定性，鲁棒优化理论将不确定性所有可能的实现事先划定在一个确定性的集合中，鲁棒优化的最优解对集合中的每个元素可能造成的不良影响都有抑制性[2]。这意味着若优化策略能够应对最坏的情况，则也可应对其他所有情况。鲁棒优化关心的是给定决策能否满足系统安全约束，在满足鲁棒性的同时顾及经济性，使系统成本最低。从优化角度来看，鲁棒获得的策略不仅要满足经济调度的各种安全约束，而且在不确定性因素扰动时，依然可以保证约束成立。鲁棒优化法不需要知道随机变量精确的概率分布信息，只考虑不确定变量在最坏情况下得到的目标函数优化值，且能充分满足可再生能源接入后系统的各种约束条件而广受青睐。鲁棒优化法只需要较少的不确定变量信息即可对不确定变量进行建模，但此方法得到的优化值具有较大的保守性，因为它只考虑最坏的场景，而实际上最坏场景可能不会发生。

为克服随机规划法和鲁棒优化法的不足，分布鲁棒优化法被提出用于针对不确定性因素进行建模[3]。分布鲁棒优化法结合了随机优化法和鲁棒优化法，它具有两种优化方法的特点。与随机优化法不同，分布鲁棒优化法不要求已知确定的概率分布，而是由一系列的概率分布组成的模糊集来刻画不确定变量的数学特征。与鲁棒优化法不同，分布鲁棒优化法通过在模糊集中寻找不确定变量最坏的概率分布进行求解，而不是在某一可能不发生的最坏场景求解，这使得分布鲁棒优化法可以降低解的保守性。尤其是当数据量足够大时，分布鲁棒优化法的优势会更加明显。构建概率分布模糊集是分布鲁棒优化的基础和关键，目前较为常用的是基于统计矩与基于距离的概率分布模糊集构建方法。分布鲁棒优化已经被应用于解决机组组合、最优潮流、备用调度等问题，其决策效果相较于随机优化与鲁棒优化决策效果具有一定的优势，但是也存在模型较为复杂（概率分布也为决策变量）的缺点。

在有关鲁棒问题的求解方面，单阶段的鲁棒优化问题可表述为混合整数线性规划（Mixed Integer Linear Programming，MILP）问题，并借助商业求解器（如CPLEX）进行求解。针对电力系统日前-日内的调度方式，两阶段的鲁棒优化方法广泛用于解决电力系统调度问题，该问题的求解可以通过分解技术或启发式算法来实现。当应用分解技术时，鲁棒优化通常被表述为一个主问题和一个子问题，其中大 M 方法是处理该问题的惯用方法。另外，Benders 分解作为一种典型的分解技术，常常用来处理第二阶段的对偶问题。与 Benders 分解不同，列和约束生成（C&CG）在每次迭代时向主问题添加新的变量和约束，其计算性能要优于 Benders 分解算法。启发式算法是解决鲁棒优化问题的另一种技术，例如在考虑交流潮流约束时，采用自适应禁忌搜索解决鲁棒输电扩展规划问题。另外，贪婪搜索和粒子群优化（PSO）相结合的混合算法也在鲁棒问题中有所应用，其中贪婪搜索用于局部搜索，PSO 用于全局搜索。

5.1.2 基于数据的人工智能处理技术

传统模型驱动方法通过分析电力系统运行的物理特性，构建解析的数学模型，解决电力系统分析、控制与运行问题。而数据驱动方法则由已知数据求解未知数据或者拟合数学模型，而无须建立解析的数学问题。一方面，可再生能源、电动汽车以及互动负荷的接入，使得电力系统运行的复杂性与不确定性增加，在某些场景下难以采用模型驱动方法解决电力系统运行问题；另一方面，量测数据的积累以及数据处理与分析技术的发展为数据驱动方法的应用奠定了基础。近年来，以深度学习为代表的新一代人工智能技术不断发展，增加了数据驱动方法的种类，提高了数据驱动方法解决复杂问题的能力。人工智能技术已经应用于解决可再生能源发电与负荷预测、系统参数与运行状态辨识、系统优化运行等问题中，并取得了良好效果。

需要指出的是，电力系统特别是输电网具有完善的量测信息和较为准确的数学模型，对于具备完整数学模型的电力系统调度问题，例如机组组合、最优潮流等，模型驱动方法能够取得较好的应用效果。与之相对应，数据驱动方法较为合适的应用场景为数学模型部分可知甚至未知，易收集数据，同时具备一定容错性的系统状态感知与优化运行问题，主要包括以下几个方面[4]：

（1）难以建立数学模型的决策问题，例如用户侧调控。用户侧调控是实现从“源随荷动”到“源荷互动”转变的关键，其有利于大规模新能源消纳。但另一方面，用户用电行为复杂多变，难以建立准确的数学模型。对此，可以充分利用大量用电数据，采用强化学习解决需求响应问题[5]。强化学习是机器学习的一种范式，其在环境中不断尝试动作，获得反馈信息以调整动作策略的数值参数，最终获得最优的状态动作策略。强化学习能够解决难以建立数学模型的决策问题，可有效提升电力系统的供需互动能力。

（2）具备数学模型的复杂电力系统辅助决策。对于大型电力系统，即便拥有完整的数学模型，调度问题的计算复杂度和计算时间等也会成为瓶颈问题。对此，基于深度强化学习的电网实时优化调控技术正在研究[6,7]应用于电网电压控制、联络线潮流控制、拓扑实时优化控制领域，将电网优化调控的决策时间由分钟级提升至亚秒级，支撑调度员进行快速决策，提升电网安全和智能调控能力。

（3）量测不足条件下电力系统运行。数据驱动方法可用于解决有限量测环境下的配电网状态估计与优化运行问题。配电网实时量测较少，需要构造较多的伪量测以满足系统可观的要求，这造成了模型驱动的状态估计方法精度低、收敛性差的问题。对此，数据驱动的状态估计方法被提出以克服传统方法的不足，主要分为两类[8,9]：1）采用数据驱动方法生成精度较高的伪量测，再采用传统方法求解状态估计问题；2）采用神经网络直接拟合量测量和状态量之间的关系。在实时量测较少的情况下，上述数据驱动方法相比于传统状态估计方法表现出更高的准确性与计算效率。

人工智能技术降低了对数学模型的依赖性，能够有效解决复杂系统或者部分可观系统的建模、分析与运行问题。表 5-1 分别针对电力系统调度问题以及数据驱动的系统状态感知与优化问题，总结了模型驱动方法与数据驱动方法的应用场景与各自特点。

表 5-1 不确定性环境下的决策问题及其应对方法

应 用	适用问题	优 点	缺 点
不确定性环境下的模型驱动	考虑不确定性因素的最优潮流、经济调度、机组组合、电压/无功优化等	模型足够精确时，解的质量可达预期甚至最优，并具有确定的求解方法	求解过程复杂，结果准确度依赖所选模型，在某些场景下难以精确建模
不确定性环境下的数据驱动	难以建立数学模型的决策问题、具备数学模型的复杂电力系统辅助决策、量测不足条件下电力系统运行	充分挖掘数据信息，对数学模型依赖性弱	存在可解释性问题，决策结果准确性依赖于数据质量

5.2 计及灵活性约束的电源规划

目前有关电源灵活性规划的研究开始将更多的灵活性资源纳入其中，探究系统不同环节灵活性资源对规划的影响，考虑多类灵活性资源的协同优化效益。但仅仅将灵活性资源和传统电源相结合是不够的，由于规划和调度运行之间存在交互影响，若不考虑新能源及负荷的时序波动特性，将会导致系统的灵活性调节潜能被错估，需要研究适用于新能源高渗透系统的规划方法并在规划初始就能保证系统具有充足的运行灵活性。因此，如何应对由于新能源高比例渗透而日益增加的灵活性需求问题有待深入研究。针对新能源高渗透系统激增的灵活性需求，系统的灵活性需求需要结合负荷与新能源的时序波动特性展开分析，在综合考虑火电灵活性改造、需求侧响应和储能等多类型灵活性资源调节能力的基础上计算灵活性裕量，进而构建灵活性供需平衡约束。因此，研究适用于新能源高渗透系统的电源规划方法，需要考虑灵活性需求在规划决策和运行模拟协调优化框架下来开展，规划框架如图 5-2 所示[10]。

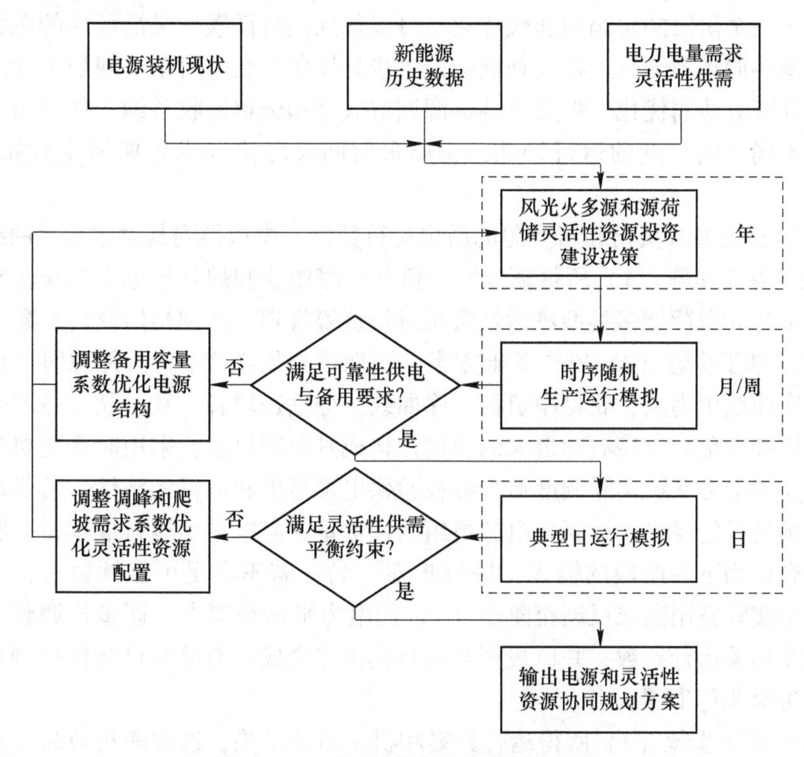

图 5-2 多时间尺度协调优化规划框架

（1）资源投资决策阶段。基于规划年电量需求和灵活性供需分析，以年为时间尺度对风光火多源和源荷储多类型灵活性资源协同优化规划，得到初始规划方案，作为生产运行模拟阶段的输入。

（2）生产运行模拟阶段。该阶段侧重关注系统的可靠性。基于阶段（1）所得初始规划决策方案，计及净负荷时序波动特性，采用时序随机生产模拟方法以月为时间尺度模拟电力系统实际运行场景，得到调度运行结果并校验供电可靠度和运行经济性。若供电可靠性指标满足设定要求，计算各电源机组的发电量、弃电量和运行成本，并将所得机组组合作为下一阶段的输入；若不满足要求，则将缺额电量与实际备用需求反馈至阶段（1），逐步长调整电力平衡约束中的备用容量系数，重新优化电源结构。

（3）典型日运行模拟阶段。该阶段侧重关注系统的灵活性。基于阶段（2）所得到的机组组合结果，计及净负荷时序波动特性和灵活性供需平衡特性，通过选取典型日逐小时运行模拟校验电力系统运行灵活性。若满足灵活性供需平衡要求，则输出最终的电源及灵活性资源协同优化规划方案；否则将灵活性缺额需求反馈至阶段（1），逐步长调整灵活性裕量约束中的调峰及爬坡需求系数，再次优化灵活性资源配置。

通过三个阶段的协调与迭代优化，可以得到经济低碳、灵活可靠的电源和灵活性资源协同规划结果。将规划框架进一步具体化，在电力系统规划中计及源荷储灵活性资源协同优化，将灵活性资源调节效益和碳贸易收益纳入优化目标，考虑系统不同时间尺度的运行特性，构建多时间尺度协调优化规划模型如图 5-3 所示。

（1）首先输入负荷和新能源的历史运行数据，模拟得到其时序功率曲线。

（2）基于步骤（1）所得新能源及负荷时序曲线和规划年电力电量需求，对风光火多源和源荷储多类型灵活性资源进行统筹规划，得到初始规划方案。

（3）基于步骤（2）所得基础方案，选取模拟周期 T，将新能源时序出力从负荷时序曲线中削减，获得净负荷时序曲线。分别选取春、夏、秋、冬四个季度的代表周和净负荷时序波动最大的典型月构成月时间尺度，采用时序随机生产模拟方法模拟电力系统实际调度运行并校验供电可靠度和运行经济性。若供电可靠性指标满足设定要求，计算各电源机组的发电量、弃电量和运行成本，并将所得机组组合作为下一阶段的输入，进行步骤（4）；若不满足可靠性要求，则将缺供电量与实际备用需求反馈至阶段（1）的电力平衡约束中，逐步长调整备用容量系数及相关运行参数，并以投资与运行模拟综合成本最优为目标优化调整电源结构，再次执行步骤（3）。

（4）基于步骤（3）所得运行方案和机组组合结果，选取净负荷时序波动最大的典型日进行运行模拟，对系统的运行灵活性进行校验。若满足灵活性供需平衡要求，则输出最终的电源及灵活性资源协同优化规划方案；否则将灵活性缺额需求反馈至阶段（1）的灵活性裕量约束中，逐步长调整调峰及爬坡需求系数优

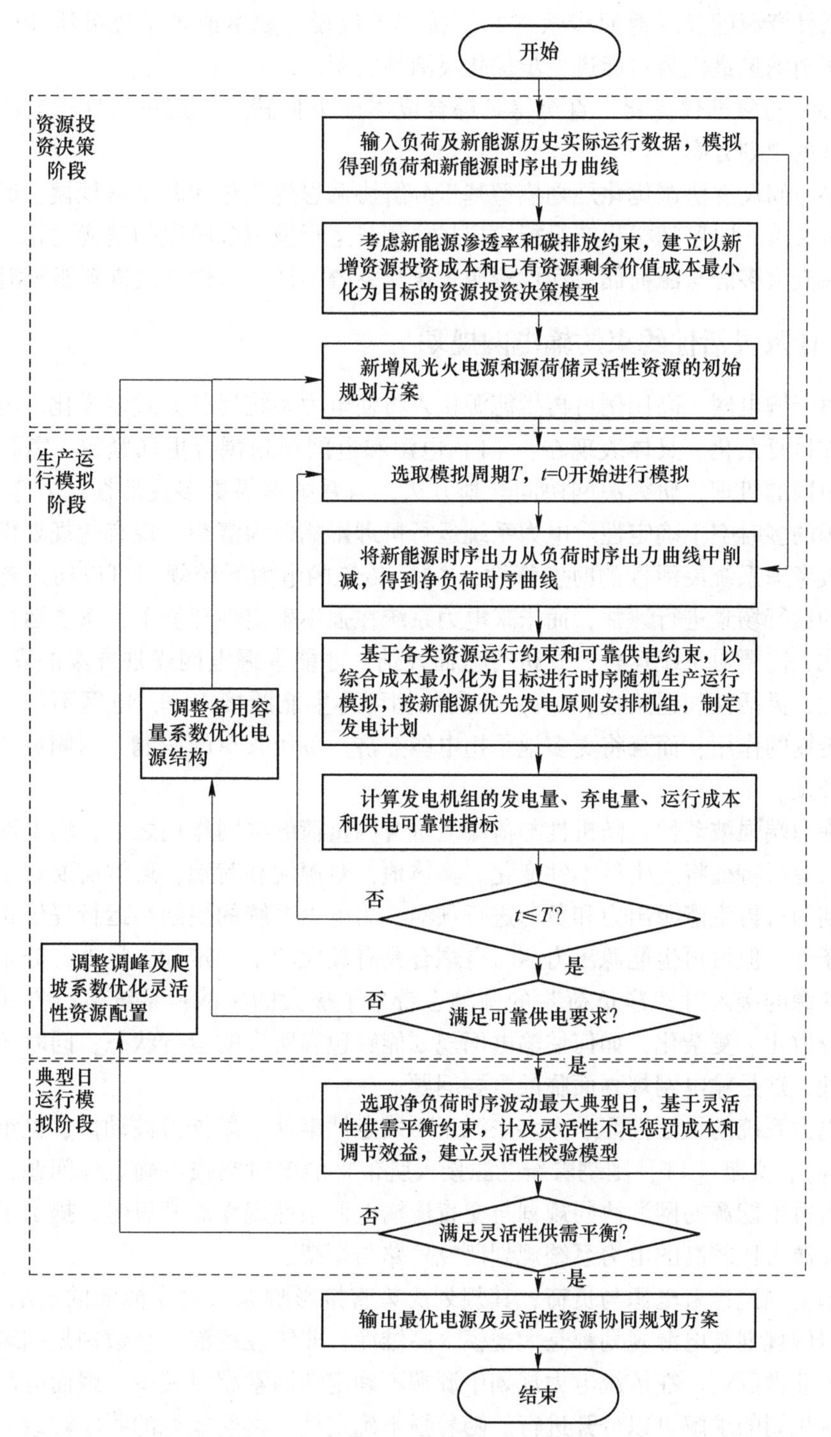

图 5-3 多时间尺度协调优化规划模型

化灵活性资源配置或返回步骤（2），按照单位投资成本改善系统灵活性裕量和新能源消纳量最优为目标进一步优化灵活性资源。

（5）重复迭代优化，直至得到综合成本最小且满足一定可靠性、灵活性和环保性的规划方案。

多时间尺度协调优化规划模型基于分解协调思想简化问题求解规模，通过资源投资决策、时序随机生产运行模拟与典型日运行模拟多阶段的迭代优化，统筹规划风光火多源与源荷储灵活性资源，优化系统整体灵活性，促进新能源消纳。

5.3 计及灵活性约束的输电网规划

对于输电网，高比例可再生能源接入将使电力系统运行方式多样化、电网交直流连接复杂化。具体表现在：（1）电源和电网规划耦合更加紧密，需要揭示源网协同的机理，研究源网协同规划方法，为系统提供更多灵活性；（2）可再生能源的多时空不确定性对电力系统运行机理影响较为复杂，现有的规划模型难以有效考虑系统灵活性的时空特性；（3）传统的电力系统规划可以通过若干种典型的运行场景进行评估，而未来电力系统在强不确定性环境下，系统运行方式多样化，需要对系统运行方式进行全面评估，才能掌握电网规划方案的安全性、经济性、灵活性和适用性；（4）在高比例可再生能源接入下，电网不仅仅承担电能传输的作用，而且将更多地承担电能互济、备用共享的职能，网侧灵活性仍有待开发。

在源端强波动性、随机性与荷端大量含源负荷的共同作用之下，输电网络的规划与运行特征将发生根本性变化。具体地，对源端和荷端，通常需要对中长期和短期的可再生能源出力和负荷进行预测，为电力系统的规划和运行提供相应的边界条件，但可再生能源出力多时空耦合具有较大的不确定性；另外，分布式可再生能源的接入对“净负荷”的预测也带来了极大的挑战；系统运行方式多样化、分散化、复杂化，如何使输电网规划能够包容所有的运行状态，同时还具有经济性，这是输电网规划面临的重要问题。

电力系统的灵活性需求大多来源于不确定性事件（新能源波动性、机组强迫停运等），文献［11］围绕着新能源接入所带来的多时空强不确定性问题，对高比例可再生能源的网源协同规划与交直流输电网柔性规划展开思考，提出了适用于新能源占比较高的电力系统规划研究思路与框架。

输电网连接着电源与负荷，其规划决策直接影响到可再生能源的消纳水平，同时电网规划与电源规划都是大规模、高维度、非线性的混合整数规划问题，优化计算非常困难。在传统电力规划中源端不确定性因素相对较少，因而电源规划与电网规划的求解可以分开进行。随着强不确定性可再生能源的不断渗透，电源与电网分开优化的不协调、不匹配使得弃风弃光等问题日益凸显，需要研究适用于高比例可再生能源的网源协同规划方法，图 5-4 所示为相应的研究框架。

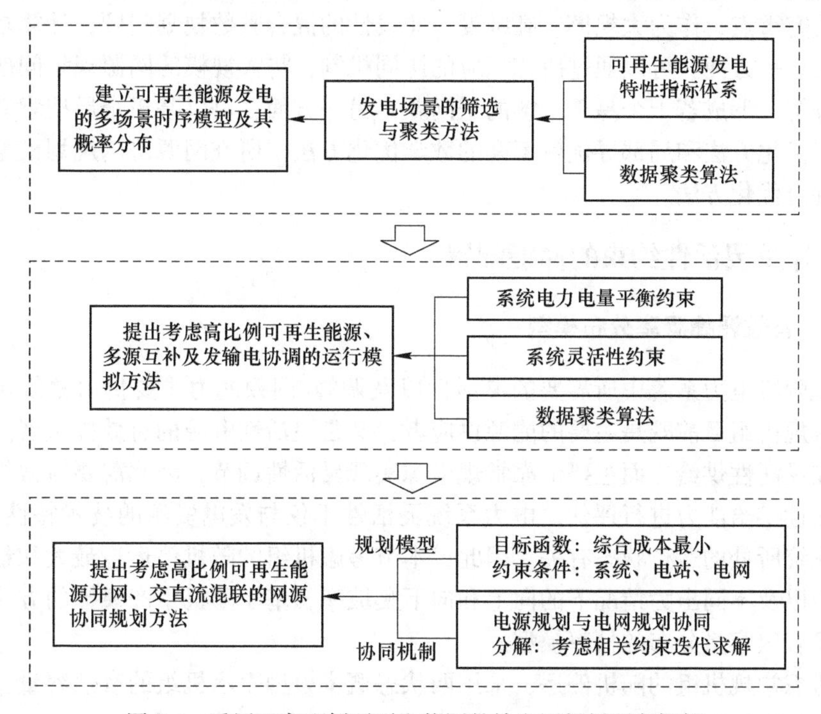

图 5-4 适用于高比例可再生能源的输电网规划研究框架

(1) 发电场景的筛选与聚类：由于风电、光伏等可再生能源出力的强波动性、随机性与时序性特点，直接将其海量的发电场景纳入网源协同规划，计算工作量巨大。基于海量发电场景的聚类方法，可以实现发电场景的归类削减，大幅降低网源协同规划的求解规模，但是常规聚类方法容易遗漏概率小且对电力系统运行影响较大的场景，可能会造成少数情况下的供需不匹配，限制电力系统的调节能力和灵活水平。因此，可在场景聚类与筛选过程中，考虑可再生能源发电与电力系统负荷的耦合特性，增加对系统电力平衡和调峰平衡影响较大的关键场景，与聚类场景一起构成可再生能源发电的多场景时序与概率分布模型，形成可再生能源发电聚类场景与关键场景的筛选与聚类方法。

(2) 计及灵活性约束的运行模拟：运行模拟的基本任务是客观模拟规划水平年电力系统的运行方式，校验网源协同规划方案的可行性，并计算相关经济技术指标。高比例可再生能源并网将带来复杂、多维度、不确定性的电力系统运行形态。需要研究新的网源协调运行模拟方法，以适应高比例可再生能源并网、交直流混联网源协同规划的海量方案评估的需求。此外，网源协同规划建模应充分考虑高比例可再生能源发电的强波动性和随机性特点，以及电力系统的经济性、安全性和灵活性。

（3）网源协同规划与求解方法：网源规划的协同机制是输电网规划优化求解的研究重点，作为大规模、高维度、非线性的混合整数规划问题，计算求解难度较大。一方面，可以通过研究相应的协同机制，将大规模的网源规划问题进行协调分解，形成若干个易于求解的子问题；另一方面，可以基于全局搜索能力强的智能优化方法和局部寻优效率高的数学优化方法，研究网源协同规划模型的高性能混合优化方法。

5.4 计及灵活性约束的储能配置

5.4.1 有效调峰概率分布模型

现阶段电力系统中所需要的灵活性以及调峰/调频能力主要仍由常规机组提供，常规机组目前既是主要的能源供应者，又是灵活性资源的有效提供者。正是因为在灵活性供给方面主要依靠常规电源实现灵活性调节，因此需要对常规机组的灵活性供给能力进行评估。电力系统灵活性不仅与发电资源的技术特性有关，还与系统所处的运行状态有关。因此，本节考虑机组的随机停运、最大和最小技术出力以及不同出力情况下的向上和向下爬坡率，基于随机生产模拟的方法建立供给侧有效容量分布的概率模型。

考虑常规机组的随机停运，采用两状态概率模型表示机组的有效容量，将机组 i 的有效向上调峰容量/有效向下调峰容量概率分布分别记为：

$$\tilde{g}_{up,i}=\begin{cases}0, & p_{FOR,i}\\ P_{G,i,max}, & 1-p_{FOR,i}\end{cases} \tag{5-1}$$

$$\tilde{g}_{down,i}=\begin{cases}0, & p_{FOR,i}\\ P_{G,i,min}, & 1-p_{FOR,i}\end{cases} \tag{5-2}$$

式中，$P_{G,i,max}$ 为最大技术出力；$P_{G,i,min}$ 为最小技术出力；$p_{FOR,i}$ 为机组 i 的强迫停运率。

按照运行成本从小到大的顺序对机组进行排序，从而确定机组的加载顺序。对前 i 个机组的有效容量分布进行卷积运算便可得到前 i 个机组依次加载后的系统有效容量分布，即

$$\tilde{G}_{up,i}=\tilde{g}_{up,1}*\tilde{g}_{up,2}*\cdots*\tilde{g}_{up,i} \tag{5-3}$$

$$\tilde{G}_{down,i}=\tilde{g}_{down,1}*\tilde{g}_{down,2}*\cdots*\tilde{g}_{down,i} \tag{5-4}$$

式中，$\tilde{G}_{up,i}$ 和 $\tilde{G}_{down,i}$ 分别为前 i 个机组加载后系统的有效向上调峰/有效向下调峰容量分布；* 为卷积运算。

常规机组的向上/向下爬坡容量取决于当前时刻的爬坡速率，而当前时刻的爬坡速率取决于当前时刻出力的大小。设机组 i 的向上/向下爬坡率分别为 $r_{up,i}$、$r_{down,i}$。当机组 i 的出力分别为最大/最小技术出力时，其向上爬坡速度为 $0/r_{up,i}$，

向下爬坡速度为 $r_{down,i}/0$；当机组 i 出力在（$P_{G,i,min}$，$P_{G,i,max}$）之间时，其向上爬坡速度为 $r_{up,i}$，向下爬坡速度为 $r_{down,i}$。因此，若机组台数为 N，则可以划分出 $2N+1$ 个发电出力区间[12]。

不同出力情况下的向上和向下爬坡率确定好后，同样地，机组的有效爬坡容量也采用两状态概率模型，第 i 个机组在第 m 个发电出力区间的有效向上/向下爬坡容量的概率分布为：

$$\tilde{r}_{up,i,m} = \begin{cases} 0, & p_{FOR,i} \\ \Delta t r'_{up,i,m'}, & 1 - p_{FOR,i} \end{cases} \tag{5-5}$$

$$\tilde{r}_{down,i,m} = \begin{cases} 0, & p_{FOR,i} \\ \Delta t r'_{down,i,m'}, & 1 - p_{FOR,i} \end{cases} \tag{5-6}$$

式中，Δt 为时间尺度；$i=1, 2, \cdots, n$；$m=1, 2, \cdots, 2n+1$。

前 i 个机组加载后，系统在第 m 个出力区间的有效向上/向下爬坡容量分布为：

$$\tilde{R}_{up,i,m} = \tilde{r}_{up,1,m} * \tilde{r}_{up,2,m} * \cdots * \tilde{r}_{up,i,m} \tag{5-7}$$

$$\tilde{R}_{down,i,m} = \tilde{r}_{down,1,m} * \tilde{r}_{down,2,m} * \cdots * \tilde{r}_{down,i,m} \tag{5-8}$$

由于机组的有效容量分布是离散的，因此卷积计算后的结果也是离散的。为了机组多段多状态的处理和后续计算的方便，本节采用半不变量法进行卷积计算，并用 Gram-Charlier 级数展开以得到精度较高的有效容量连续概率分布[13,14]。经过半不变量法计算后得到的连续概率分布记为 $F(x)$，则前 i 台机组加载后的有效向上/向下调峰容量的分布函数为 $F_{UPCS,i}(x)/F_{DPCS,i}(x)$；前 i 台机组加载后在第 m 个出力区间的有效向上爬坡/向下爬坡容量的分布函数为 $F_{URCS,i,m}(x)/F_{DRCS,i,m}(x)$。图 5-5 所示为前 i 台机组加载后的有效容量概率分布图形。

5.4.2 灵活性供需指标计算

为了定量刻画电力系统灵活性不足的能力，基于净负荷曲线和有效容量概率分布，提出一套灵活性供需评估指标。

定义 1 向上调峰容量不足概率及其期望为：

$$\begin{cases} p^t_{UPCS,i} = F_{UPCS,i}(P^t_{net}) \\ E^t_{UPCS,i} = \int_0^{P^t_{net}} F_{UPCS,i}(x)\,dx \end{cases} \tag{5-9}$$

式中，P^t_{net} 是时刻 t 所对应的净负荷。

定义 2 向上爬坡容量不足概率及其期望为：

$$\begin{cases} p^t_{URCS,i} = F_{URCS,i,m}(\Delta P^t_{net}) \\ E^t_{URCS,i} = \int_0^{\Delta P^t_{net}} F_{URCS,i,m}(x)\,dx \end{cases} \tag{5-10}$$

式中，ΔP^t_{net} 为净负荷从 $t-\Delta t$ 时刻到 t 时刻的变化量，即上爬坡容量需求。

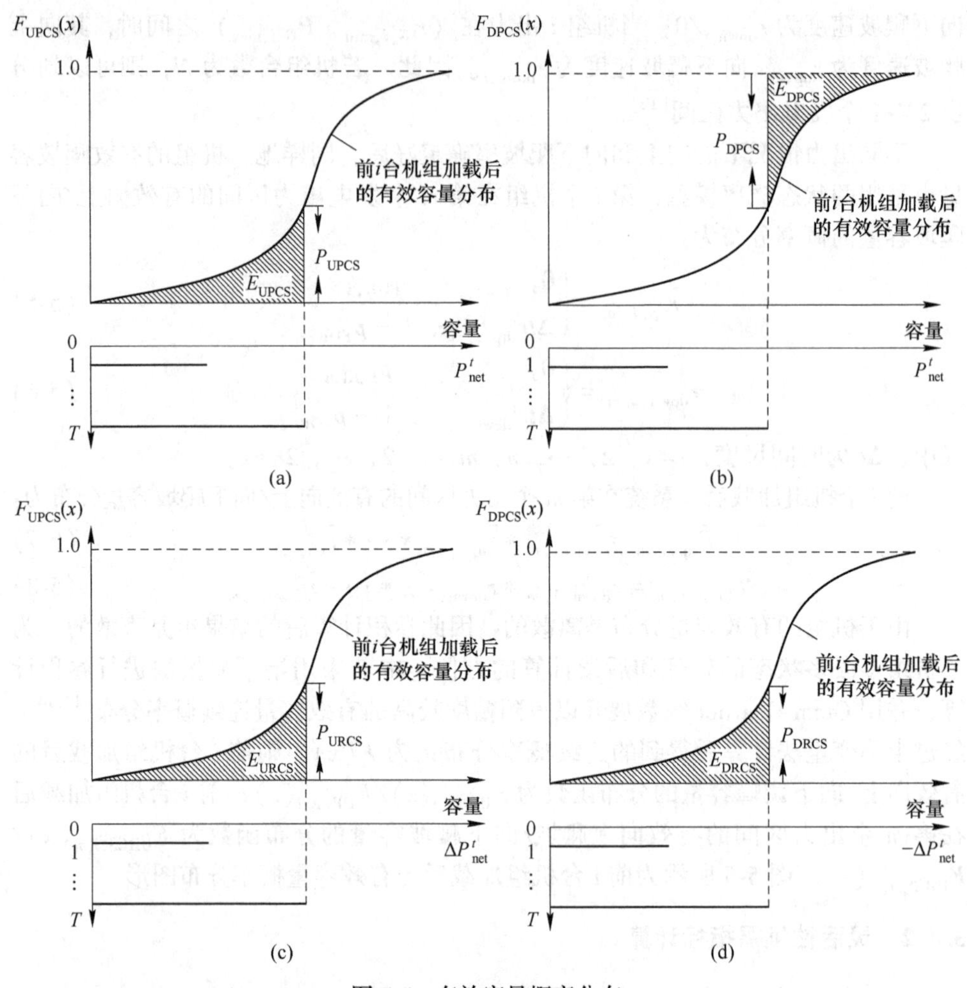

图 5-5 有效容量概率分布

（a）有效向上调峰容量；（b）有效向下调峰容量；（c）第 m 个出力区间的有效向上爬坡容量；（d）第 m 个出力区间的有效向下爬坡容量

定义 3 向下调峰容量不足概率及其期望为：

$$\begin{cases} p^t_{\mathrm{DPCS},\,i} = 1 - F_{\mathrm{DPCS},\,i}(P^t_{\mathrm{net}}) \\ E^t_{\mathrm{DPCS},\,i} = \int_{P^t_{\mathrm{net}}}^{+\infty} [1 - F_{\mathrm{DPCS},\,i}(x)]\,\mathrm{d}x \end{cases} \tag{5-11}$$

定义 4 向下爬坡容量不足概率及其期望为：

$$\begin{cases} p^t_{\mathrm{DRCS},\,i} = F_{\mathrm{DRCS},\,i,\,m}(-\Delta P^t_{\mathrm{net}}) \\ E^t_{\mathrm{DRCS},\,i} = \int_0^{-\Delta P^t_{\mathrm{net}}} F_{\mathrm{DRCS},\,i,\,m}(x)\,\mathrm{d}x \end{cases} \tag{5-12}$$

式中，$-\Delta P^t_{\mathrm{net}}$ 为净负荷从 $t-\Delta t$ 时刻到 t 时刻的变化量，即下爬坡容量需求。

上述 4 种定义均可在图 5-5 中找到对应的几何含义。

定义 5 上调灵活性不足概率及其期望为：

$$\begin{cases} p_{\mathrm{UPAS}}^{t} = \max\{p_{\mathrm{UPCS}}^{t}, p_{\mathrm{URCS}}^{t}\} \\ E_{\mathrm{UPAS}}^{t} = \max\{E_{\mathrm{UPCS}}^{t}, E_{\mathrm{URCS}}^{t}\} \end{cases} \tag{5-13}$$

定义 6 下调灵活性不足概率及其期望为：

$$\begin{cases} p_{\mathrm{DPAS}}^{t} = \max\{p_{\mathrm{DPCS}}^{t}, p_{\mathrm{DRCS}}^{t}\} \\ E_{\mathrm{DPAS}}^{t} = \max\{E_{\mathrm{DPCS}}^{t}, E_{\mathrm{DRCS}}^{t}\} \end{cases} \tag{5-14}$$

定义 7 系统灵活性不足概率及其期望为：

$$\begin{cases} p_{\mathrm{PAS}}^{t} = p_{\mathrm{UPAS}}^{t} + p_{\mathrm{DPAS}}^{t} \\ E_{\mathrm{PAS}}^{t} = E_{\mathrm{UPAS}}^{t} + E_{\mathrm{DPAS}}^{t} \end{cases} \tag{5-15}$$

此外，一个模拟周期内所有机组加载后系统灵活性不足概率/期望为：

$$\begin{cases} p_{\mathrm{PAS},N} = \dfrac{1}{T}\sum\limits_{t=1}^{T}(p_{\mathrm{UPAS},N}^{t} + p_{\mathrm{DPAS},N}^{t}) \\ E_{\mathrm{PAS},N} = \sum\limits_{t=1}^{T}(E_{\mathrm{UPAS},N}^{t} + E_{\mathrm{DPAS},N}^{t}) \end{cases} \tag{5-16}$$

式中，T 为模拟的时间周期；N 为总的机组个数。

前 k 台机组总的期望发电量为：

$$E_{k}^{t} = P_{\mathrm{req}}^{t} - E_{\mathrm{UPAS},k}^{t} + E_{\mathrm{DPAS},k}^{t} \tag{5-17}$$

式中，$E_{\mathrm{UPAS},k}^{t}$、$E_{\mathrm{DPAS},k}^{t}$ 分别为上、下调峰能力不足期望，且在同一时刻 t，两者不会同时存在。

第 k 台机组的期望发电量为：

$$E_{\mathrm{G},k}^{t} = E_{k}^{t} - E_{k-1}^{t} \tag{5-18}$$

5.4.3 储能辅助调峰的随机生产模拟方法

考虑机组的随机停运和风电的不确定性，在调峰需求的基础上，计及储能荷电状态的时序变化特性，设计储能辅助调峰的运行策略，提出储能辅助调峰的时序随机生产模拟方法，量化评估含风电和储能电力系统的调峰灵活性。

运行人员通过制定运行调度策略，协调风电和传统发电机组的出力分配，灵活调控储能充放电，从而满足运行要求。本节制定的运行调度策略如下：当系统的上调峰能力不足时，即机组的最大技术出力小于净负荷值或者向上爬坡容量小于净负荷的增加量时，储能放电；当系统的下调峰能力不足时，即机组的最小技术出力大于净负荷值，或者向下爬坡容量小于向下爬坡需求时，储能充电。t 时刻储能可提供最大充电功率和放电功率分别为：

$$\begin{cases} P_{\mathrm{ch,max}}^{t} = \min\left[\dfrac{S_{\mathrm{SOC,max}} - S_{\mathrm{SOC}}^{t}}{\Delta t \eta_{\mathrm{ch}}},\ P_{\mathrm{ch,max}},\ \max(E_{\mathrm{DPCS},k_{\_\mathrm{ch}-1}}^{t},\ E_{\mathrm{DRCS},k_{\_\mathrm{ch}-1}}^{t})\right] \\ P_{\mathrm{dis,max}}^{t} = \min\left[\dfrac{(S_{\mathrm{SOC}}^{t} - S_{\mathrm{SOC,min}})\eta_{\mathrm{dis}}}{\Delta t},\ P_{\mathrm{dis,max}},\ \max(E_{\mathrm{UPCS},k_{\_\mathrm{dis}-1}}^{t},\ E_{\mathrm{URCS},k_{\_\mathrm{dis}-1}}^{t})\right] \end{cases} \tag{5-19}$$

式中，η_{ch}、η_{dis} 为储能的充放电功率；$E_{\mathrm{DPCS},k_{\_\mathrm{ch}-1}}^{t}$、$E_{\mathrm{DRCS},k_{\_\mathrm{ch}-1}}^{t}$ 分别为 t 时刻前 $k_{\_\mathrm{ch}-1}$ 台机组加载后系统的向下调峰容量、爬坡容量不足期望值。

首先根据运行策略确定储能的充放电条件及各出力元件的加载顺序。若前 $k_{\_\mathrm{ch}-1}$ 台机组加载后储能满足充电条件，则储能的充电顺序记为 $k_{\_\mathrm{ch}}$，储能的充电功率由前 $k_{\_\mathrm{ch}-1}$ 台机组加载后系统的下调峰能力不足决定。若前 $k_{\_\mathrm{dis}-1}$ 台机组加载后储能满足放电条件，则储能的放电顺序记为 $k_{\_\mathrm{dis}}$，储能的放电功率由前 $k_{\_\mathrm{dis}-1}$ 台机组加载后系统的上调峰能力不足决定。通过储能充放电，系统的调峰能力曲线不变，可以不断修正调峰需求曲线。机组的加载顺序由运行成本决定，因此 $k_{\_\mathrm{ch}} \leqslant k_{\_\mathrm{dis}}$，否则运行成本较高的机组对储能进行充电，而储能通过放电替代运行成本较低的机组，违背经济性原则。

储能的充电条件可以表示为：

$$\tilde{G}_{k_{\_\mathrm{ch}-1},\min}(n_{\mathrm{GR}}) > P_{\mathrm{req}}^{t} \quad \text{或} \quad \tilde{R}_{D,k_{\_\mathrm{ch}-1},m}(n_{\mathrm{GR}}) < -\Delta P_{\mathrm{req}}^{t} \tag{5-20}$$

式中，$\tilde{G}_{k_{\_\mathrm{ch}-1},\min}$ 为前 $k_{\_\mathrm{ch}-1}$ 台机组加载后的最小技术出力容量分布；$\tilde{G}_{k_{\_\mathrm{ch}-1},\min}(n_{\mathrm{GR}})$ 为 $\tilde{G}_{k_{\_\mathrm{ch}-1},\min}$ 中第 n_{GR} 个状态对应的最小技术出力容量的大小；$\tilde{R}_{D,k_{\_\mathrm{ch}-1},m}$ 为前 $k_{\_\mathrm{ch}-1}$ 台机组加载后在第 m 个出力区间的向下爬坡容量分布。

通过净负荷曲线反映系统的调峰需求，调峰需求的大小由净负荷值与系统最大/小技术出力的差值、净负荷的变化量与爬坡容量的差值确定。储能充电时等效为负荷，前 $k_{\_\mathrm{ch}}$ 台机组共同承担 $L^{t}+P_{\mathrm{ch}}^{t}$ 的等效负荷与 $-\Delta P_{\mathrm{req}}^{t}+\Delta t P_{\mathrm{ch}}^{t}$ 的爬坡容量需求，此时的等效净负荷增加、等效向下爬坡容量需求减小，缓解了一部分的下调峰压力，修正后的调峰需求与爬坡需求分别为：

$$\begin{cases} P_{\mathrm{req}}^{\prime t} = P_{\mathrm{req}}^{t} + P_{\mathrm{ch}}^{t} \\ -\Delta P_{\mathrm{req}}^{\prime t} = -\Delta P_{\mathrm{req}}^{t} + \Delta t P_{\mathrm{ch}}^{t} \end{cases} \tag{5-21}$$

前 $k_{\_\mathrm{ch}}$ 台机组总的期望调峰容量/爬坡容量为：

$$E_{k_{\_\mathrm{ch}}}^{t} = \begin{cases} \displaystyle\int_{P_{\mathrm{req}}^{t}}^{P_{\mathrm{req}}^{t}+P_{\mathrm{ch,max}}^{t}} [1 - F_{\mathrm{DPCS},k_{\_\mathrm{ch}}-1}(x)]\mathrm{d}x + P_{\mathrm{req}}^{t}[1 - F_{\mathrm{DPCS},k_{\_\mathrm{ch}}-1}(P_{\mathrm{req}}^{t})], \\ \qquad E_{\mathrm{DPCS},k_{\_\mathrm{ch}}-1}^{t} > E_{\mathrm{DRCS},k_{\_\mathrm{ch}}-1}^{t} \\ \Delta P_{\mathrm{req}}^{t} F_{\mathrm{DRCS},k_{\_\mathrm{ch}}-1,m}(-\Delta P_{\mathrm{req}}^{t}) - \displaystyle\int_{-\Delta P_{\mathrm{req}}^{t}-P_{\mathrm{ch,max}}^{t}}^{-\Delta P_{\mathrm{req}}^{t}} F_{\mathrm{DRCS},k_{\_\mathrm{ch}}-1,m}(x)]\mathrm{d}x, \\ \qquad E_{\mathrm{DPCS},k_{\_\mathrm{ch}}-1}^{t} < E_{\mathrm{DRCS},k_{\_\mathrm{ch}}-1}^{t} \end{cases} \tag{5-22}$$

前 $k_{\_ch-1}$ 台机组总的期望调峰容量/爬坡容量为：

$$E_{k_{\_ch-1}}^{t}=\begin{cases}P_{req}^{t}+E_{DPCS,k_{\_ch-1}}^{t}, & E_{DPCS,k_{\_ch-1}}^{t}>E_{DRCS,k_{\_ch-1}}^{t}\\-\Delta P_{req}^{t}-E_{DRCS,k_{\_ch-1}}^{t}, & E_{DPCS,k_{\_ch-1}}^{t}<E_{DRCS,k_{\_ch-1}}^{t}\end{cases}\tag{5-23}$$

$(t-1)$ 时刻~t 时刻时段内储能的期望充电量 E_{ch}^{t} 为：

$$E_{ch}^{t}=\Delta tP_{ch}^{t}=\left|E_{k_{\_ch}}^{t}-E_{k_{\_ch-1}}^{t}\right|\tag{5-24}$$

储能放电过程同上。根据储能期望充/放电量更新下一时刻的荷电状态为：

$$S_{SOC}^{t+1}=S_{SOC}^{t}+E_{ch}^{t}\eta_{ch}-\frac{E_{dis}^{t}}{\eta_{dis}}\tag{5-25}$$

5.4.4　双层优化模型

本节构建兼顾经济性和灵活性的双层优化模型，其中，上层优化模型为多场景的混合整数线性规划模型，以包含系统运行成本、储能成本、灵活性不足损失成本的综合成本等日值最小为优化目标，从经济性最优的角度确定满足多场景工况的储能配置方案；下层优化模型在上层储能配置方案的基础上，采用基于时序随机生产模拟方法，以系统的调峰能力不足期望最小为优化目标，建立调峰灵活性指标与储能容量的量化关系，进行储能辅助调峰的优化运行模拟，并将灵活性不足损失成本带回至上层模型，实现上下层迭代优化，最终求解得到兼顾经济性和灵活性最优的储能配置方案[15]。

上层模型目标函数为：

$$\min f_{total}=(f_{b}+f_{ess}+f_{cpl}+f_{w})$$

$$\begin{cases}f_{b}=p_{s}\sum\limits_{s\in\Omega_{req}}\sum\limits_{k=1}^{N}\sum\limits_{t=1}^{T}c_{G,k}E_{G,k,s}^{t}\\f_{invest}=\dfrac{\alpha(1+\alpha)^{Y^{\gamma}}}{365[(1+\alpha)^{Y^{\gamma}}-1]}\cdot\sum\limits_{i\in\Omega_{ess}}(c_{p}P_{essN,i}+c_{e}E_{essN,i})(1+k_{oc}+k_{mc})\\f_{benifit}=p_{s}\sum\limits_{s\in\Omega_{req}}\sum\limits_{i\in\Omega_{ess}}\sum\limits_{t=1}^{T}c_{t}(E_{dis,i,s}^{t}-E_{ch,i,s}^{t})\\f_{ess}=f_{invest}-f_{benifit}\\f_{cpl}=p_{s}c_{cpl}\sum\limits_{s\in\Omega_{req}}\sum\limits_{t=1}^{T}E_{UPAS,N,s}^{t}\\f_{w}=p_{s}c_{w}\sum\limits_{s\in\Omega_{req}}\sum\limits_{t=1}^{T}E_{DPAS,N,s}^{t}\end{cases}\tag{5-26}$$

式中，f_{b} 为机组的运行成本；f_{ess} 包括储能投资成本、储能收益；f_{cpl}、f_{w} 分别为上下调峰能力不足带来的缺电损失费用和弃风惩罚费用；p_s 为典型调峰需求场景 s 的概率；$c_{G,k}$、$E_{G,k}^t$ 分别为机组 k 的单位电能成本和 t 时刻的期望发电量；α 为贴现率；Y^γ 为储能的使用年限，由于储能的使用寿命与放电深度密切相关，采用文献［16］的方法修正储能寿命；c_p、c_e 分别为储能单位功率成本、单位容量成本；$P_{essN,i}$、$E_{essN,i}$ 分别为节点 i 配置储能的额定功率和额定容量；k_{oc}、k_{mc} 分别为储能运行、维护成本系数；c_t 为实时峰谷电价；$E_{ch,i}^t$、$E_{dis,i}^t$ 分别为节点 i 储能的期望充电量、放电量；c_{cpl}、c_w 分别为单位用户缺电损失成本、单位弃风惩罚成本；$E_{UPAS,N}^t$、$E_{DPAS,N}^t$ 分别为 t 时刻系统的缺电量和弃风电量；Ω_{ess} 为储能允许配置节点集。

除节点功率平衡约束、支路潮流约束、机组出力约束、爬坡约束、储能运行约束以外，还包括以下几种约束：

（1）调峰灵活性约束：

$$\sum_{s \in \Omega_{req}} p_s \left[f_{flex,s}\left(\sum_i P_{essN,i},\ \sum_i E_{essN,i} \right) \right] \leqslant \lambda \tag{5-27}$$

式中，λ 为给定的灵活性要求；f_{flex} 为下层优化模型建立的灵活性指标与储能配置方案的隐式函数。

（2）投资决策变量约束：

$$\begin{cases} P_{essN,i,\min} \cdot x_{ess,i} \leqslant P_{essN,i} \leqslant P_{essN,i,\max} \cdot x_{ess,i} \\ E_{essN,i,\min} \cdot x_{ess,i} \leqslant E_{essN,i} \leqslant E_{essN,i,\max} \cdot x_{ess,i} \\ \sum x_{ess,i} \leqslant x_{ess,\max} \end{cases} \tag{5-28}$$

式中，$x_{ess,i}$ 为节点 i 配置储能的 0－1 决策变量；$P_{essN,i,\max}$、$P_{essN,i,\min}$、$E_{essN,i,\min}$、$E_{essN,i,\max}$ 分别为节点 i 可配置储能的额定功率和额定容量的最大值、最小值；$x_{ess,\max}$ 为电网允许配置储能的最大个数。

关于该模型具体的求解流程如图 5-6 所示。

5.5 “源-网-储”灵活性规划

储能系统的灵活性在平滑可再生能源出力以及延缓输电线阻塞方面发挥着重要的作用。因此，考虑可再生能源、输电网和储能资源互补优势的电力系统协调规划，是实现可再生能源消纳以及降低系统运行成本的最佳方案。

5.5.1 确定性的“源-网-储”协调规划模型

本节从电力系统静态规划的角度，建立了考虑可再生能源配额指标的协调规划框架。该框架实现了可再生能源、输电网和储能的联合规划，用于确定可再生能源和储能的最优容量和位置，以及输电线的最优扩展方案。该框架可描述为典

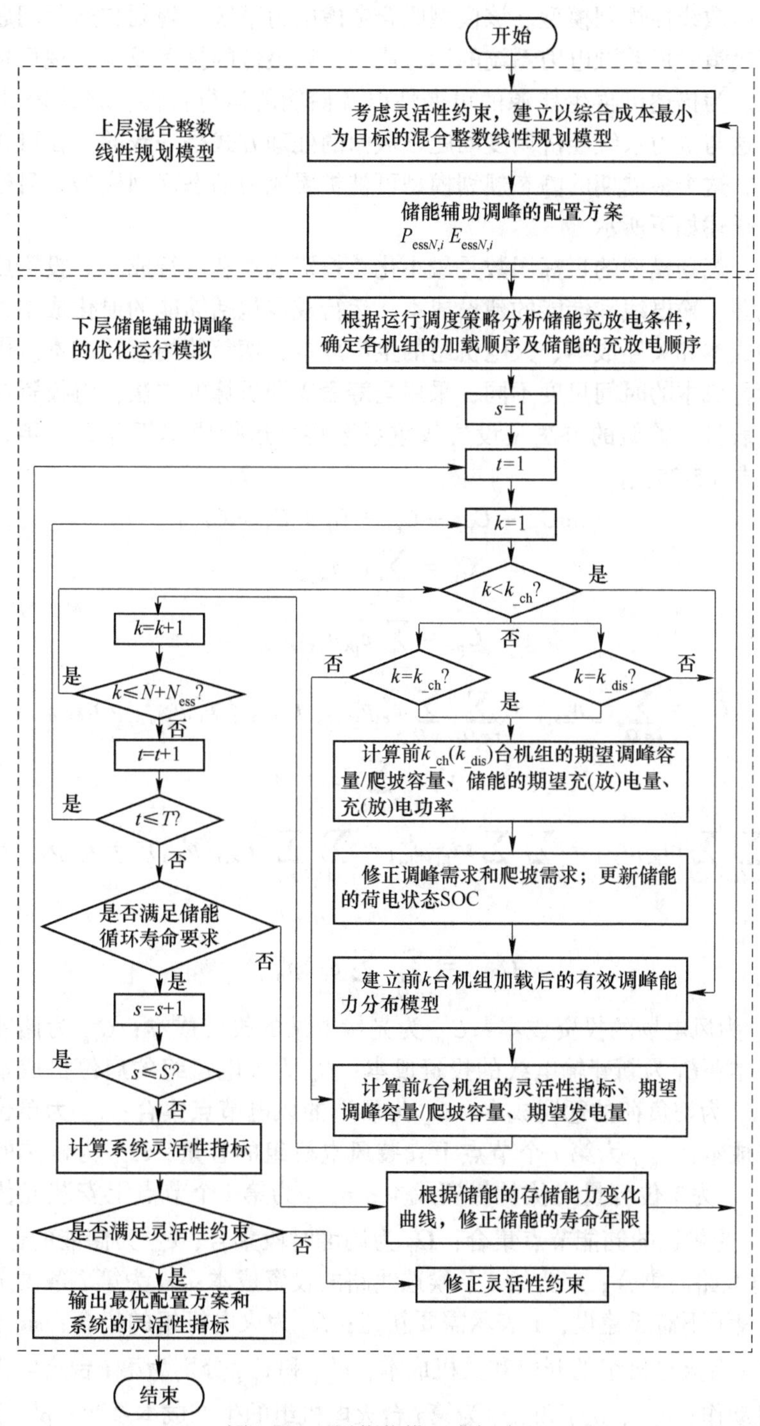

图 5-6 双层优化模型求解流程

型的混合整数线性规划模型。该模型联合考虑电力系统的规划与运行问题，保障制定投资决策时可兼顾电力系统的运行成本，以最低的投资成本实现可再生能源配额指标。为描述可再生能源的可变性以及储能的运行特性，将代表日分为24个小时，这与电力系统经济调度问题领域内的处理方式是一致的。在可接受的计算负担下，这个多周期的静态规划模型可被扩展成为动态规划模型。目标函数和约束条件描述如下所示。

该联合规划模型的目标函数是最小化总投资成本和运行成本。投资成本包括可再生能源、输电线和储能的建设成本。运行成本包括储能的退化成本、火电机组的启动成本和关停成本、火电机组的生产成本、切负荷的惩罚成本。由于规划成本与运行成本的时间尺度不同，采用全寿命周期折算的方法，将投资成本折算到每个代表日。类似的方法是设置权重系数将日运行成本折算到一年。详见式(5-29)~式(5-35)：

$$\min C_{\mathrm{w}} + C_{\mathrm{pv}} + C_{\mathrm{es}} + C_{\mathrm{l}} + C_{\mathrm{g}} + C_{\mathrm{P,d}} \tag{5-29}$$

$$C_{\mathrm{w}} = \sum_{i \in \Omega_{\mathrm{w}}} c_{\mathrm{w}} n_{\mathrm{w},i} \tag{5-30}$$

$$C_{\mathrm{pv}} = \sum_{i \in \Omega_{\mathrm{pv}}} c_{\mathrm{pv}} n_{\mathrm{pv},i} \tag{5-31}$$

$$C_{\mathrm{es}} = \sum_{i \in \Omega_{\mathrm{es}}} c_{\mathrm{es}} n_{\mathrm{es},i} + \sum_{t \in \Omega_{\mathrm{T}}} \sum_{i \in \Omega_{\mathrm{es}}} c_{\mathrm{es}}^{o} p_{\mathrm{es,c},i}^{t} \eta_{\mathrm{es,c}} + c_{\mathrm{es}}^{o} p_{\mathrm{es,d},i}^{t} / \eta_{\mathrm{es,d}} \tag{5-32}$$

$$C_{l} = \sum_{l \in \Omega_{l}} c_{l} x_{l} \tag{5-33}$$

$$C_{\mathrm{g}} = \sum_{t \in \Omega_{\mathrm{T}}} \sum_{i \in \Omega_{\mathrm{g}}} su_{\mathrm{g},i} u_{\mathrm{g},i}^{t} + \sum_{t \in \Omega_{\mathrm{T}}} \sum_{i \in \Omega_{\mathrm{g}}} sd_{\mathrm{g},i} v_{\mathrm{g},i}^{t} + \sum_{t \in \Omega_{\mathrm{T}}} \sum_{i \in \Omega_{\mathrm{g}}} [a_{\mathrm{g},i} (p_{\mathrm{g},i}^{t})^{2} + b_{\mathrm{g},i} p_{\mathrm{g},i}^{t} + c_{\mathrm{g},i}] \tag{5-34}$$

$$C_{\mathrm{P,d}} = \sum_{t \in \Omega_{\mathrm{T}}} \sum_{i \in \Omega_{\mathrm{d}}} o_{\mathrm{d}} \Delta p_{\mathrm{d},i}^{t} \tag{5-35}$$

式中，C_{w} 为风电场的投资成本；C_{pv} 为光伏电站的投资成本；C_{es} 为储能的投资和运行成本；C_{l} 为新建输电线的投资成本；C_{g} 为火电机组的启停机成本和运行成本；$C_{\mathrm{P,d}}$ 为切负荷的惩罚成本；Ω_{w} 为候选的风电节点集合；c_{w} 为单位容量风电的投资成本；$n_{\mathrm{w},i}$ 为第 i 个节点上安装风电机组的容量；Ω_{pv} 为候选的光伏节点集合；c_{pv} 为单位容量光伏的投资成本；$n_{\mathrm{pv},i}$ 为第 i 个节点上安装光伏电站的容量；Ω_{es} 为候选的储能节点集合；Ω_{T} 为调度时段集合；c_{es}^{o} 为储能的退化成本；Ω_{l} 为输电线路的集合；c_{l} 为第 l 条候选线路的投资成本；x_{l} 为第 l 条候选线路的状态，0表示不需要建设，1表示需要新建；Ω_{g} 为火电机组的集合；$su_{\mathrm{g},i}$ 和 $sd_{\mathrm{g},i}$ 分别为第 i 台火电机组的开机和关机成本；$u_{\mathrm{g},i}^{t}$ 和 $v_{\mathrm{g},i}^{t}$ 分别为第 i 台火电机组的开机和关机动作；$a_{\mathrm{g},i}$、$b_{\mathrm{g},i}$ 和 $c_{\mathrm{g},i}$ 为第 i 台火电机组的生产成本系数；$p_{\mathrm{g},i}^{t}$ 为第 i 台火电机组在第 i 时段的生产功率；Ω_{d} 为负荷节点的集合；o_{d} 为切除 1MW · h 负

荷的惩罚成本；$\Delta p_{d,i}^{t}$ 为第 i 个节点上的负荷在第 i 时段的切负荷功率。

约束条件主要包括规划约束和运行约束两大类。在规划约束方面，每个节点接入的可再生能源和储能受到面积的限制，而输电线的扩建同样受地理条件的限制，这与限制规划总成本的效果是一致的，详见式（5-36）~式（5-44）。在运行约束方面，主要包括机组的启停约束、爬坡约束、功率平衡约束、可再生能源配额指标约束等，详见式（5-45）~式（5-68）：

$$x_{w,i}N_{w,i}^{\min} \leqslant n_{w,i} \leqslant x_{w,i}N_{w,i}^{\max} \tag{5-36}$$

$$x_{pv,i}N_{pv,i}^{\min} \leqslant n_{pv,i} \leqslant x_{pv,i}N_{pv,i}^{\max} \tag{5-37}$$

$$x_{es,i}N_{es,i}^{\min} \leqslant n_{es,i} \leqslant x_{es,i}N_{es,i}^{\max} \tag{5-38}$$

$$\sum_{l \in \Omega_l} x_l \leqslant N_l,\ x_l \in \{0,1\} \tag{5-39}$$

$$\sum_{i \in \Omega_w} n_{w,i}S_w = \omega \sum_{i \in \Omega_{pv}} n_{pv,i}S_{pv} \tag{5-40}$$

$$s_{g,i}^{t-1} - s_{g,i}^{t} + u_{g,i}^{t} \geqslant 0 \tag{5-41}$$

$$s_{g,i}^{t} - s_{g,i}^{t-1} + v_{g,i}^{t} \geqslant 0 \tag{5-42}$$

$$-s_{g,i}^{t} + s_{g,i}^{t-1} + u_{g,i}^{\tau} \geqslant 0,\ \tau \in [t+1, \min\{t + T_{g,i}^{on} - 1, T\}] \tag{5-43}$$

$$-s_{g,i}^{t-1} + s_{g,i}^{t} - v_{g,i}^{\tau} \geqslant 1,\ \tau \in [t+1, \min\{t + T_{g,i}^{down} - 1, T\}] \tag{5-44}$$

式中，$x_{w,i}$ 为风电容量的布尔变量；$N_{w,i}^{\min}$ 和 $N_{w,i}^{\max}$ 为在节点 i 处建设风机单元的下限和上限；$x_{pv,i}$ 为光伏容量的布尔变量；$N_{pv,i}^{\min}$ 和 $N_{pv,i}^{\max}$ 为在节点 i 处建设光伏单元的下限和上限；$x_{es,i}$ 为储能容量的布尔变量；$N_{es,i}^{\min}$ 和 $N_{es,i}^{\max}$ 为在节点 i 处建设储能单元的下限和上限；N_l 为允许新建线路的最大数量；S_w 和 S_{pv} 分别为风电和光伏的单元容量；ω 为风电和光伏装机比例，用于合理开发可再生能源，在实际工程中，可根据决策者喜好设置该参数，$\omega=0$ 时意味着未限制可再生能源装机比例；$s_{g,i}^{t}$ 为第 i 台火电机组在第 t 时段的运行状态；$u_{g,i}^{t}$ 为第 i 台火电机组在第 t 时段的开机状态；$v_{g,i}^{t}$ 为第 i 台火电机组在第 t 时段的关机状态；τ 为辅助变量；$T_{g,i}^{on}$ 为第 i 台火电机组的最小开机时间；T 为调度时段总数；$T_{g,i}^{down}$ 为第 i 台火电机组的最小关机时间。

$$p_{g,i}^{t} + p_{w,i}^{t} - \Delta p_{w,i}^{t} + p_{pv,i}^{t} - \Delta p_{pv,i}^{t} + p_{es,i}^{t} + p_{l,i}^{t} = p_{d,i}^{t} - \Delta p_{d,i}^{t} \tag{5-45}$$

$$p_{d,i}^{t} = \tilde{p}_{d,i}^{t} \tag{5-46}$$

$$0 \leqslant \Delta p_{w,i}^{t} \leqslant p_{w,i}^{t} \tag{5-47}$$

$$0 \leqslant \Delta p_{pv,i}^{t} \leqslant p_{pv,i}^{t} \tag{5-48}$$

$$0 \leqslant \Delta p_{d,i}^{t} \leqslant p_{d,i}^{t} \tag{5-49}$$

$$p_{es,i}^{t} = p_{es,d,i}^{t} - p_{es,c,i}^{t} \tag{5-50}$$

$$e_{es,i}^{t} = e_{es,i}^{t-1} + p_{es,c,i}^{t}\eta_{es,c} - p_{es,d,i}^{t}/\eta_{es,d} \tag{5-51}$$

$$\sum_{t \in \Omega_T} (p_{es,c,i}^t \eta_{es,c,i} - p_{es,d,i}^t / \eta_{es,d,i}) = 0 \tag{5-52}$$

$$\sum_{t \in \Omega_T} \sum_{i \in \Omega_w} (p_{w,i}^t - \Delta p_{w,i}^t) + \sum_{t \in \Omega_T} \sum_{i \in \Omega_{pv}} (p_{pv,i}^t - \Delta p_{pv,i}^t) \geqslant r_{a,res} \sum_{t \in \Omega_T} \sum_{i \in \Omega_d} (p_{d,i}^t - \Delta p_{d,i}^t) \tag{5-53}$$

$$\sum_{t \in \Omega_T} \sum_{i \in \Omega_w} \Delta p_{w,i}^t + \sum_{t \in \Omega_T} \sum_{i \in \Omega_{pv}} \Delta p_{pv,i}^t \leqslant r_{c,res} \sum_{t \in \Omega_T} \sum_{i \in \Omega_w} p_{w,i}^t + r_{c,res} \sum_{t \in \Omega_T} \sum_{i \in \Omega_{pv}} p_{pv,i}^t \tag{5-54}$$

$$p_{g,i}^{\min} s_{g,i}^t \leqslant p_{g,i}^t \leqslant p_{g,i}^{\max} s_{g,i}^t \tag{5-55}$$

$$p_{g,i}^t - p_{g,i}^{t-1} \leqslant \Delta p_{g,i}^u s_{g,i}^{t-1} + p_{g,i}^{\min} (s_{g,i}^t - s_{g,i}^{t-1}) \tag{5-56}$$

$$p_{g,i}^{t-1} - p_{g,i}^t \leqslant \Delta p_{g,i}^d s_{g,i}^t + p_{g,i}^{\min} (s_{g,i}^{t-1} - s_{g,i}^t) \tag{5-57}$$

$$p_{w,i}^t = n_{w,i} S_w \tilde{p}_{w,i}^t \tag{5-58}$$

$$p_{pv,i}^t = n_{pv,i} S_{pv} \tilde{p}_{pv,i}^t \tag{5-59}$$

$$0 \leqslant p_{es,d,i}^t \leqslant n_{es,i} p_{es}^{\max} \tag{5-60}$$

$$0 \leqslant p_{es,c,i}^t \leqslant n_{es,i} s_{es,c,i}^t p_{es}^{\max} \tag{5-61}$$

$$s_{es,d,i}^t + s_{es,c,i}^t \leqslant 1 \tag{5-62}$$

$$n_{es,i} e_{es}^{\min} \leqslant e_{es,i}^t \leqslant n_{es,i} e_{es}^{\max} \tag{5-63}$$

$$-M_l(1 - x_l) \leqslant p_{l,i}^t - b_l(\theta_i^t - \theta_j^t) \leqslant M_l(1 - x_l) \tag{5-64}$$

$$-x_l p_l^{\max} \leqslant p_{l,i}^t \leqslant x_l p_l^{\max} \tag{5-65}$$

$$\tilde{p}_{w,i}^t = \hat{p}_{w,i}^t \tag{5-66}$$

$$\tilde{p}_{pv,i}^t = \hat{p}_{pv,i}^t \tag{5-67}$$

$$\tilde{p}_{d,i}^t = \hat{p}_{d,i}^t \tag{5-68}$$

式中，$p_{w,i}^t$ 和 $\Delta p_{w,i}^t$ 分别为与节点 i 相连风电机组在第 t 时段的生产功率和削减功率；$p_{pv,i}^t$ 和 $\Delta p_{pv,i}^t$ 分别为与节点 i 相连光伏电站在第 t 时段的生产功率和削减功率；$p_{es,i}^t$ 为与节点 i 相连储能在第 t 时段的输出功率；$p_{l,i}^t$ 为与节点 i 有关线路 l 在第 t 时段的传输功率；$p_{d,i}^t$ 为节点 i 上负荷在第 t 时段的需求功率；$\tilde{p}_{d,i}^t$ 为节点 i 上负荷在第 t 时段的预测功率；$p_{es,d,i}^t$ 和 $p_{es,c,i}^t$ 分别为与节点 i 相连储能在第 t 时段的放电和充电功率；$e_{es,i}^t$ 为与节点 i 相连储能在第 t 时段的荷电状态；$r_{a,res}$ 为可再生能源消纳配额，该约束强调了完成配额指标的强制性；$r_{c,res}$ 为可再生能源削减率约束；$p_{g,i}^{\min}$ 和 $p_{g,i}^{\max}$ 分别为与节点 i 相连火电机组输出功率的最小值和最大值；$\Delta p_{g,i}^u$ 为与节点 i 相连火电机组的向上爬坡功率；$\Delta p_{g,i}^d$ 为与节点 i 相连火电机组的向下爬坡功率；$\tilde{p}_{w,i}^t$ 为与节点 i 相连风电机组在第 t 时段的预测功率；$\tilde{p}_{pv,i}^t$ 为与节点 i 相连光伏电站在第 t 时段的预测功率；$s_{es,d,i}^t$ 为与节点 i 相连储能在第

t 时段的放电状态；$p_{\mathrm{es}}^{\max}$ 为储能单元的功率极限；$s_{\mathrm{es,c},i}^{t}$ 为与节点 i 相连储能在第 t 时段的充电状态，事实上，由于储能的运行效率会增加额外的成本，因此，在实际应用中该约束可以被忽略；$e_{\mathrm{es},i}^{\min}$ 和 $e_{\mathrm{es},i}^{\max}$ 分别为储能单元的荷电状态的最小值与最大值；b_l 为线路 l 的电纳；θ_i^t 为在第 t 时段节点 i 的相角；M_l 为足够大的正数；$p_l^{\max}$ 为线路 l 的最大传输功率；$\hat{p}_{\mathrm{w},i}^{t}$ 为与节点 i 相连风电在第 t 时段的估计值；$\hat{p}_{\mathrm{pv},i}^{t}$ 为与节点 i 相连光伏电站在第 t 时段的估计值；$\hat{p}_{\mathrm{pv},i}^{t}$ 与节点 i 相连负荷需求在第 t 时段的估计值。

考虑可再生能源配额指标的协调规划问题可以被描述为混合整数线性规划问题，该问题的矩阵形式如下所示：

$$\min_{X,Y} C'X + D'Y \tag{5-69}$$

$$AX \geqslant B \tag{5-70}$$

$$EY \geqslant F \tag{5-71}$$

$$GX + HY \geqslant L \tag{5-72}$$

$$IY = \hat{U} \tag{5-73}$$

式中，X 和 Y 分别为投资决策和运行决策变量；C' 和 D' 为目标函数的系数；A 和 B 为投资决策约束的系数；E 和 F 为运行决策约束的系数；G，H 和 L 为规划决策与运行决策耦合约束的系数；I 和 $\hat{U}$ 为可再生能源和负荷功率约束的系数。

上述模型中，可再生能源和负荷的预测功率被固定在估计值，因此，这个确定性协调规划模型很容易被现有商业软件求解，最终可以得到可再生能源和储能的接入位置、安装容量、输电线的扩展方案以及相应的调度计划。

5.5.2 数据驱动的不确定集合建模技术

不确定集合在鲁棒优化中具有举足轻重的地位，将影响决策方案的保守性。较大的不确定集合可确保可再生能源配额指标的强制性，然而将增加规划方案的保守性并造成额外的投资成本；而较小的不确定性集合无法准确描述可再生能源和负荷的间歇性，难以完成可再生能源消纳配额。数据驱动建模技术充分挖掘历史数据的潜在价值，可提高不确定集合的准确性[17]。因此，提出采用数据驱动技术建立多个不确定集合，基于改进的两阶段鲁棒优化理论建立了考虑可再生能源消纳配额的“源-网-储”协调规划模型，力求在完成可再生能源配额指标的同时，尽可能地降低决策方案的总成本。

风电、光伏的生产功率和负荷需求功率同属于随机变量，下面以任意随机变量的不确定性建模为例阐述基于样本数据的不确定集合构建方法。首先，根据随机变量的样本数据，通过非参数估计的方法构建不同置信水平下的经验累积分布函数（Empirical Cumulative Distribution Function，ECDF）的集合[18]。其次，将包含随机变量概率分布的 ECDF 模糊集转换为不确定集合。假设样本集合的顺序

统计量为 $\Omega_{\text{data}}=\{\xi_1, \xi_2, \xi_3, \cdots, \xi_n\}$，给定在 β 置信水平下，记 $B_{a,n}^{\tilde{\beta}}$ 为 Beta (a, $n+1-a$) 分布的 $\tilde{\beta}$ 分位数。$\tilde{\beta}$ 为与置信水平 β 和样本规模 n 有关的参数，计算公式如下：

$$\tilde{\beta}=\exp\{-c_1(\beta)-c_2(\beta)\sqrt{\ln[\ln(n)]}-c_3(\beta)[\ln(n)]^{c_4(\beta)}\} \tag{5-74}$$

$$c_1(\beta)=-2.75-1.04\ln(\beta) \tag{5-75}$$

$$c_2(\beta)=4.76-1.2\beta \tag{5-76}$$

$$c_3(\beta)=1.15-2.39\beta \tag{5-77}$$

$$c_4(\beta)=-3.96+1.72\beta^{0.171} \tag{5-78}$$

根据上述公式以及商业软件中 Beta 分布函数的逆运算求解器，可计算第 a 个样本数据所对应分位数上限 $f_a^{\text{ub}}=B_{a,n}^{\tilde{\beta}/2}=B^{-1}(\tilde{\beta}/2, a, n+1-a)$，而分位数的下限为 $f_a^{\text{lb}}=B_{a,n}^{1-\tilde{\beta}/2}=B^{-1}(1-\tilde{\beta}/2, a, n+1-a)$。同时将 $\xi_0=0$ 和 $\xi_{n+1}=1$ 添加到样本数据的顺序统计集合中，由分位数的定义可得 $f_0^{\text{lb}}=0$ 和 $f_{n+1}^{\text{ub}}=1$。进一步，应用阶梯插值以计算累积分布函数估计带的下限 $f_a^{\text{lb}}(x)$ 和上限 $f_a^{\text{ub}}(x)$：

$$f_a^{\text{lb}}(x)=\max(f_a^{\text{lb}}: \xi_a\leqslant x) \tag{5-79}$$

$$f_a^{\text{ub}}(x)=\min(f_a^{\text{ub}}: \xi_a\geqslant x) \tag{5-80}$$

研究表明，$f_a^{\text{lb}}(x)$ 和 $f_a^{\text{ub}}(x)$ 具有以下三个属性：第一，它们都是阶梯函数；第二，它们是 ECDF 的下限和上限；第三，样本规模 $n\to\infty$ 使得 $f_a^{\text{lb}}(x)\to f_a^{\text{ub}}(x)$，这意味着能够从有限的样本的数据中挖掘出可靠信息，并且样本集合规模的增加将提高累积分布函数估计值的准确性，如图 5-7 所示。

尽管上述非参数统计的方法能够得到包含随机变量概率分布的模糊集，然而随机变量的取值范围仍需要进一步计算。采用 Devroye-Wise 的方法估计随机变量的真实信息[19]，该方法固定一个常数值 $\delta=\max|\xi_{i+1}-\xi_i|$，则随机变量的取值范围为 $[\xi_1-\delta/2, \xi_n+\delta/2]$。至此，仅基于样本数据而无需假设任何分布，通过非参数估计的方法构造了随机变量的模糊集和估计区间的范围。以风电作为随机变量为例，估计风电功率的累积分布函数，随后找出给定分位点所对应的风电区间，如图 5-8 所示。

一方面，基于数据驱动的不确定集合建模方法无需假定随机变量的分布信息，仅根据置信水平即可构建随机变量的不确定集合；另一方面，本节提出考虑多个不确定集合以进一步降低鲁棒优化决策的保守性。对于包含决策变量 x 和随机变量 u 的鲁棒优化问题 $F=\max_u\min_x f(x, u)$ 而言，假定多个不确定集合满足如下关系：$u_1\subseteq\cdots\subseteq u_K$。由于解的保守性与不确定集合的范围正相关，因此每个不确定集合对应的目标函数满足如下关系：$F(x, u_1)\leqslant F(x, u_2)\leqslant\cdots\leqslant F(x, u_K)$，较大的不确定集合得到保守性较强的解。与基于场景的随机优化思想类似，通过对每个不确定集合分配权重系数以降低最坏场景对最优解的影响，假设

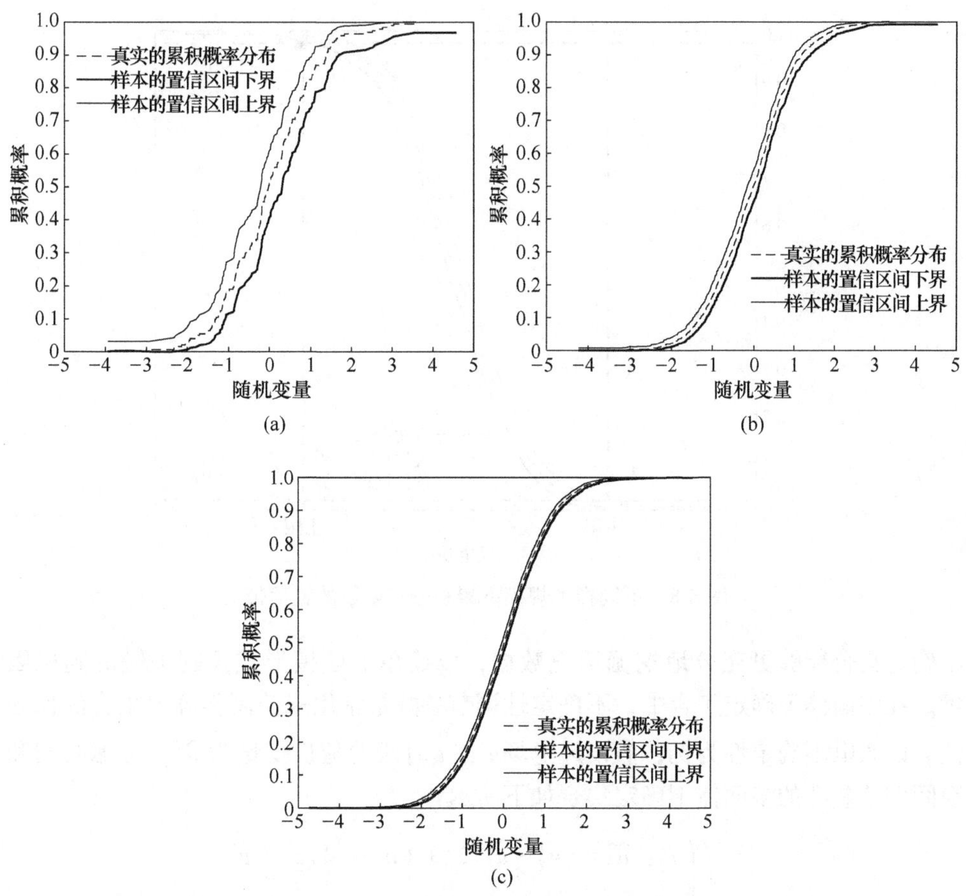

图 5-7 不同样本规模下累积分布函数的置信带

(a) 200 个样本数据；(b) 1000 个样本数据；(c) 5000 个样本数据

上述不确定集合对应的系数分别为 $\vec{\rho}=(\rho_1, \rho_2, \cdots, \rho_K)$ 且存在 $\rho_1+\rho_2+\cdots+\rho_K=1$，则可以得到：

$$\min_{u_k} F(x, u_k) \leqslant \sum_{k=1}^{K}[\rho_k F(x, u_k)] \leqslant \max_{u_k} F(x, u_k) \tag{5-81}$$

决策者可在对不确定集合评级的基础上，设置相应的权重系数以权衡解的保守性和最优性。构造更加复杂和精致的不确定集合使模型的求解面临技术挑战。尽管历史数据无法准确地量化和描述系统中的随机性，但定性信息对决策者来说也是可靠和有用的。因此，对每个不确定性集合分配相应的权重系数可为决策者提供一个灵活的工具，以充分利用这些可靠的信息。不确定集合中极端场景扮演着重要作用，然而这些极端场景发生的频率很低，而多个不确定集合有助于减少不现实的极端场景。即便采用大范围的不确定集合作为多个不确定集合之一，其极端场景对目标函数的影响也会被相应的权重系数调节和弱化。此外，应用多个

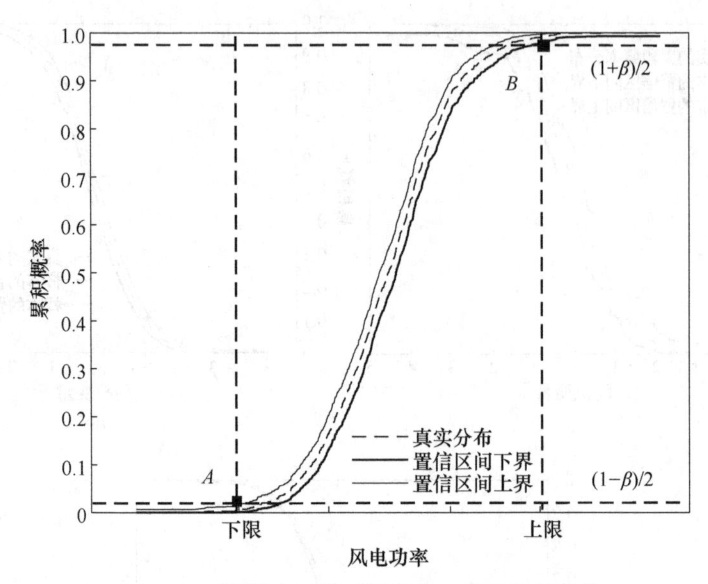

图 5-8 不同样本规模下累积分布函数的置信带

不确定集合能够更充分地挖掘历史数据，以简单的建模形式识别关键的随机因素。在多面体不确定集合中，不确定性调节参数常常用来控制不确定集合的保守性。以风电不确定性为例，假设风电场 i 在 t 时段的随机变量为 $\tilde{u}_i^t$，考虑时间和空间调节参数的多面体不确定集合如下所示：

$$
U=\begin{cases}\tilde{u}_i^t:\ \tilde{u}_i^t=(\bar{u}_i^t-\hat{u}_i^t)\bar{z}_i^t+(\underline{u}_i^t-\hat{u}_i^t)\underline{z}_i^t+\hat{u}_i^t \\ \bar{z}_i^t+\underline{z}_i^t\leqslant 1 \\ \sum\limits_i(\bar{z}_i^t+\underline{z}_i^t)\leqslant \Gamma_{\mathrm{s}} \\ \sum\limits_t(\bar{z}_i^t+\underline{z}_i^t)\leqslant \Gamma_{\mathrm{t}}\end{cases} \tag{5-82}
$$

式中，$\bar{u}_i^t$ 和 $\underline{u}_i^t$ 分别为风电场 i 在 t 时段生产功率的最大值和最小值；$\hat{u}_i^t$ 为风电场 i 在 t 时段的预测功率；$\bar{z}_i^t$ 和 $\underline{z}_i^t$ 为二元变量；Γ_{s} 和 Γ_{t} 分别为控制空间和时间的不确定性调节参数。

对于任意风电场和任意时刻，不确定集合的最坏场景出现在预测功率或者边界值。因此，考虑调节参数的不确集合能够表示为一组极点。仅需要搜索有限极点即可得到极端场景，从而减少两阶段鲁棒优化问题的计算负担。在对历史数据定性分析的基础上，可设计多个含调节参数的不确定集合以描述可再生能源和负荷的随机性。由于在范围较大的不确定集合中，极端场景发生的频率较低，故可设置较小的权重系数以消除不切实际的场景；反之，对于较小范围的不确定集合，可设置较大的权重系数以客观表达极端场景的概率。

5.5.3 基于两阶段鲁棒优化的“源-网-储”协调规划模型

随着可再生能源渗透率的增加，供需侧的不确定性对电力系统的负面影响逐渐增强，为此，建立基于两阶段鲁棒优化理论的“源-网-储”协调规划模型。两阶段鲁棒优化模型又被称为动态鲁棒优化。与传统的鲁棒优化模型相比，两阶段鲁棒优化将决策变量分为两部分，即第一阶段的“here-and-now”变量和第二阶段的“wait-and-see”变量[20]。第一部分决策在不确定性被观测到之前制定，第二部分决策在不确定性实现之后制定。在可再生能源和负荷的不确定性未被观测时，制定第一阶段的规划投资和火电机组启停决策；待不确定性被观测到之后，制定第二阶段的最优控制决策，即火电、可再生能源、储能和输电线的调度功率。两阶段鲁棒优化体现了不确定性信息的价值，通过第二阶段决策的再调整实现决策保守性和经济性的权衡。

电力系统的规划和运行具有明显的两阶段决策属性，而鲁棒优化相较于随机优化更具有计算可处理性。因此，基于两阶段鲁棒优化理论提出了可再生能源配额背景下的“源-网-储”协调规划模型。然而，区别于传统的两阶段鲁棒优化模型，在第二阶段考虑多个不确定集合旨在最小化期望运行成本。改进的两阶段鲁棒优化框架如图 5-9 所示。

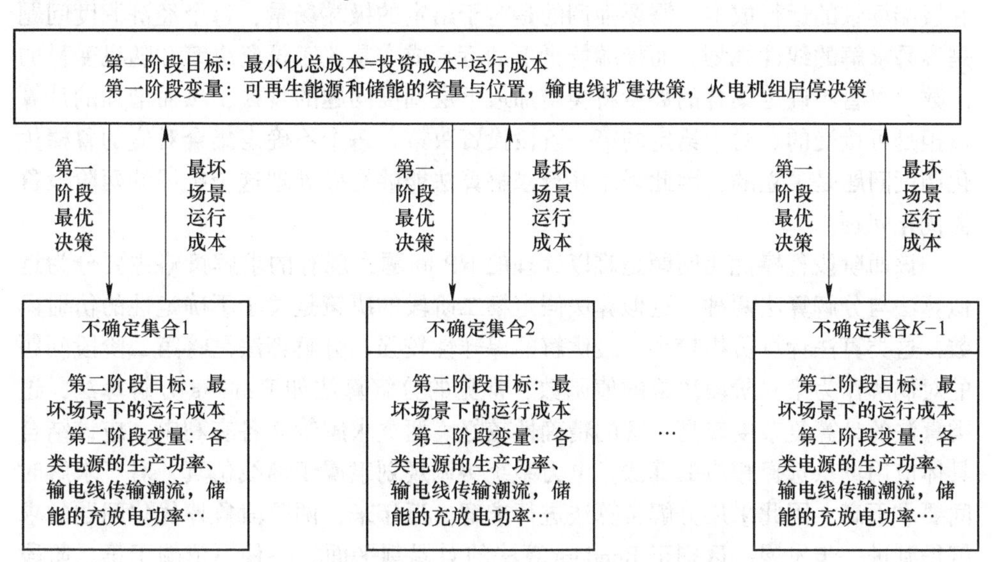

图 5-9 考虑多个不确定集合的两阶段鲁棒优化框架

在第一阶段，确定可再生能源和储能的接入母线和安装容量、输电线扩展容量以及火电机组的启停决策，决策的目的在于使得投资成本和最坏场景下的运行成本总和最小。而在第二阶段，对于给定的第一阶段决策，分别针对每个不确定集合求解极端场景以及最小的运行成本。从这样的决策顺序和目的可以看出第一阶段决策考虑了所有不确定集合约束的第二阶段决策。也就是说，第一阶段决策对于任意可再生能源生产和负荷需求具有鲁棒可行性。需要注意的是第二阶段中包含多个经典的鲁棒优化调度问题，每个不确定集合对应的极端场景是关于第一阶段决策的函数，并且第二阶段决策是关于第一阶段决策和随机变量的函数，因此第一阶段决策能够完全适应可再生能源生产和负荷需求的任意实现。

基于改进两阶段鲁棒优化的协调规划模型如下所示：

$$\min_{X} C'X + \sum_{k} \rho_k (\max_{U_k} \min_{Y_k} D'_k Y_k) \tag{5-83}$$

$$AX \geqslant B \tag{5-84}$$

$$E_k Y_k \geqslant F_k \tag{5-85}$$

$$G_k X + H_k Y_k \geqslant L_k \tag{5-86}$$

$$I_k Y_k = \widetilde{U}_k \tag{5-87}$$

式中，k 为不确定集合的索引；ρ_k 为每个不确定集合的权重系数。

不难发现，第二阶段决策 Y 的可行域是与第一阶段决策 X 和随机变量 u 有关的集合。两阶段鲁棒优化问题具有难以处理的 min-max-min 三层优化结构，第一层优化旨在确定最优的投资决策和机组启停决策，第二层优化旨在确定每个不确定集合的极端场景，第三层优化旨在确定每个不确定集合约束下的最优调度策略和极端场景的运行成本。需要强调的是对于给定的极端场景，每个经济调度问题是容易求解的线性规划，而极端场景下的运行成本是关于投资决策和随机变量的函数。尽管不确定集合的数量将会增加最下层调度问题的规模，然而增加的计算负担是可接受的。对于给定的第一阶段投资决策，每个不确定集合对应的鲁棒优化调度问题是独立的，因此采用并行求解算法能够有效处理这个扩展的两阶段鲁棒优化问题。

该两阶段鲁棒优化问题是难以处理的 NP 问题，现有的求解策略主要分为近似算法与分解算法两种：近似算法假定第二阶段的决策是关于不确定性的仿射函数，这类算法计算负担较小、最优解的保守性较强；分解算法是将第二阶段问题的对偶解作为第一阶段决策的值函数，常见的分解算法如 Benders 分解算法，这类算法的计算复杂度较高、解的精确性较好。两类求解策略各有利弊，应该结合具体应用场景选择相应的算法。电力系统协调规划隶属于离线仿真，对于求解时间要求不高，因此采用分解类算法进行求解。近年来，两阶段鲁棒优化问题的求解得到进一步发展。区别于 Benders 算法的对偶割平面，一种不依赖于第二阶段决策对偶解的列和约束生成（Column-and-Constraint Generation，C&CG）算法成为求解两阶段鲁棒优化问题的主流算法[21]。该算法在已确定的原始空间中动态生成具有追索权决策变量的约束，这是一个列约束生成过程，又被称为原始割平面算法。根据 C&CG 算法求解原理，首先需要将规划和运行两个阶段的决策问题分别转化为两个易于处理的形式。

尽管第二阶段决策是非凸优化问题，然而对于给定的第一阶段决策 X_0，第二阶段决策可被转化为容易求解的混合整数线性规划问题。第二阶段运行调度考虑了多个不确定集合，因此每个不确定集合都存在与之对应的子问题（Subproblems，SP），如下所示：

$$Q(X^0) = \sum_k \sigma_k (\max_{U_k} \min_{Y_k} D'_k Y_k) \tag{5-88}$$

$$E_k Y_k \geqslant F_k \tag{5-89}$$

$$H_k Y_k \geqslant L_k - G_k X^0 \tag{5-90}$$

$$I_k Y_k = \widetilde{U}_k \tag{5-91}$$

式中，$Q(X^0)$ 为第二阶段决策的目标函数即极端场景下的运行成本。

如前所述，$Q(X^0)$ 为经典的鲁棒优化问题，并且最内层的经济调度为线性规划。因此，可通过对偶理论将双层的 $Q(X^0)$ 转为单层问题：

$$\max \sum_k \Psi_k F_k + \Pi_k (L_k - G_k X^0) + Y_k \widetilde{U}_k \tag{5-92}$$

$$E'_k \Psi_k + H'_k \Pi_k + I'_k Y_k \leqslant \sigma_k D_k \tag{5-93}$$

$$\Psi_k \geqslant 0,\ \Pi_k \geqslant 0,\ Y_k \in R,\ k \in (1,\ 2,\ \cdots,\ K) \tag{5-94}$$

式中，Ψ_k、Π_k、Y_k 为对偶变量。

注意目标函数中 $Y_k \widetilde{U}_k$ 为对偶变量与不确定变量的乘积，采用外近似算法和析取不等式求解这类问题，而外近似算法容易陷入局部最优解，采用析取不等式求解该问题。多面体不确定集合可由离散的点表示，因此该双线性项等价于对偶变量与离散变量的乘积。对于第 k 个双线性优化：

$$\max Y_k \widetilde{U}_k = Y_k \overline{Z}_k (\overline{U}_k - \hat{U}_k) + Y_k \underline{Z}_k (\underline{U}_k - \hat{U}_k) + Y_k \hat{U}_k \tag{5-95}$$

$$\begin{aligned} & \overline{z}^t_{i,k} + \underline{z}^t_{i,k} \leqslant 1 \\ & \sum_i (\overline{z}^t_{i,k} + \underline{z}^t_{i,k}) \leqslant \Gamma_{s,k} \\ & \sum_t (\overline{z}^t_{i,k} + \underline{z}^t_{i,k}) \leqslant \Gamma_{t,k} \\ & \overline{Z}_k \in \{0,\ 1\},\ \underline{Z}_k \in \{0,\ 1\},\ k \in (1,\ 2,\ \cdots,\ K) \end{aligned} \tag{5-96}$$

式中，$Y_k \overline{Z}_k$ 和 $Y_k \underline{Z}_k$ 为连续变量与离散变量的乘积，分别引入相应的辅助变量 $\overline{J}_k$ 和 $\underline{J}_k$，采用析取不等式线性化表示：

$$\begin{aligned} & \max \overline{J}_k (\overline{U}_k - \hat{U}_k) + \underline{J}_k (\overline{U}_k - \hat{U}_k) \\ \text{s.t.}\ & -\overline{Z}_k M_k \leqslant \overline{J}_k \leqslant \overline{Z}_k M_k \\ & -(1 - \overline{Z}_k) \overline{M}_k \leqslant \overline{J}_k - Y_k \overline{Z}_k \leqslant (1 - \overline{Z}_k) \overline{M}_k \\ & -\underline{Z}_k M_k \leqslant \underline{J}_k \leqslant \underline{Z}_k M_k \\ & -(1 - \underline{Z}_k) \underline{M}_k \leqslant \underline{J}_k - Y_k \underline{Z}_{kk} \leqslant (1 - \underline{Z}_k) \underline{M}_k \end{aligned} \tag{5-97}$$

式中，$\overline{M}_k$ 和 $\underline{M}_k$ 为足够大的正数。

不难发现 $\overline{J}_k$ 与 $Y_k\overline{Z}_k$ 是等价的。当 $\overline{Z}_k=1$ 时，$\overline{J}_k=Y_k\overline{Z}_k$；当 $\overline{Z}_k=0$ 时，$\overline{J}_k=0$。最终，对于给定的第一阶段决策，第二阶段决策 $Q(X^0)$ 被转化为可直接求解的 MILP 问题。假设在第 v 次迭代计算中，求解子问题可得到目标函数值 Q^v、第 k 个不确定集合对应的极端场景 $U_{k^*}^v$，那么，第一阶段投资决策的主问题（Master Problems，MP）如下所示：

$$\min C'X+\eta \tag{5-98}$$

$$AX\geqslant B \tag{5-99}$$

$$\eta\geqslant\sum_k\rho_k D_k'Y_k^l \tag{5-100}$$

$$E_kY_k^l\geqslant F_k \tag{5-101}$$

$$G_kX+H_kY_k^l\geqslant L_k \tag{5-102}$$

$$I_kY_k^l=U_{k^*}^l \tag{5-103}$$

$$1\leqslant l\leqslant v,\ k\in(1,\ 2,\ \cdots,\ K) \tag{5-104}$$

式中，η 为引入的辅助变量；k 为不确定集合的索引；l 为迭代次数的索引；v 为当前迭代次数；Y_k^l为第 k 个子问题在第 l 次迭代中新增的变量，$U_{k^*}^l$ 为求解子问题得到极端场景。

第二阶段包含多个不确定集合，因此极端场景和新增变量均被 k 索引。

以上所提的并行求解策略用以应对含多不确定集合的两阶段鲁棒优化问题，具体如图 5-10 所示。正如已有的 C&CG 求解框架所述，对于给定的第一阶段决

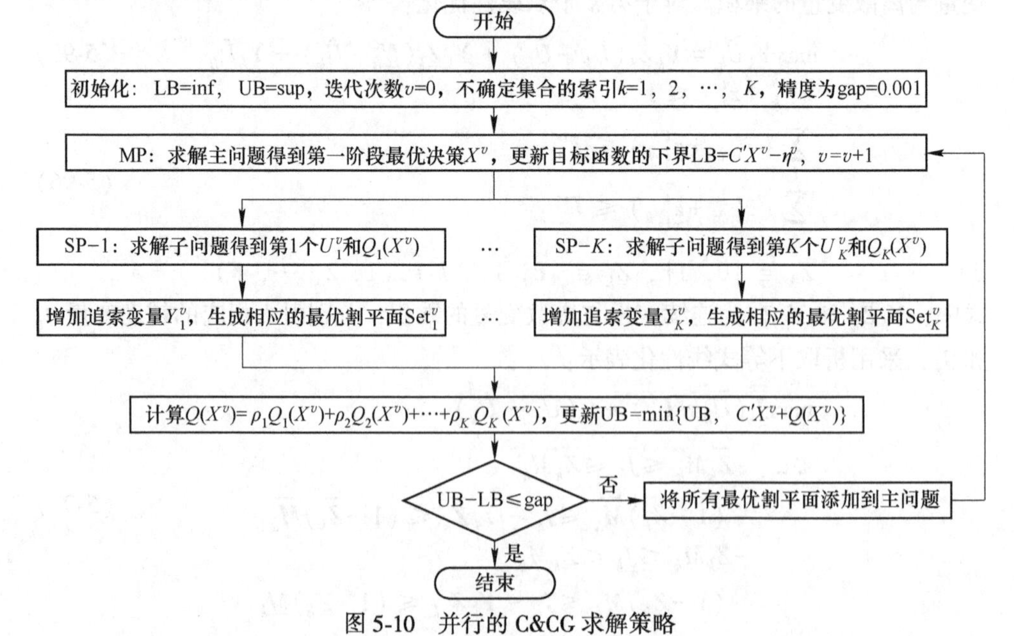

图 5-10 并行的 C&CG 求解策略

策，第二阶段决策中包含多个独立经济调度问题，因此可采用并行同时求解每个子问题识别最坏场景和相应的运行成本。

与 Benders 分解算法相同的是 C&CG 算法也是基于迭代求解和生成割集的形式。然而不同的是，C&CG 算法统一考虑可行割与最优割，使得问题的求解更便利。C&CG 算法在第一阶段决策中添加变量寻求更低的下界，具有良好的收敛速度。尽管第一阶段决策的变量和约束随着迭代次数和不确定集合的数量逐渐增加，幸运的是，现有的商业软件很容易处理这类线性规划问题。最终，第一阶段和第二阶段决策均被转为商业软件可直接求解的形式。需要注意的是，在第二阶段决策中析取不等式涉及 M 取值问题，合适的取值能提高计算效率，M 的取值应该在保证收敛性的同时尽可能的小。

5.6 案例分析

可再生能源的随机波动性导致系统的灵活性需求剧增，应用储能辅助调峰能够有效解决大规模可再生能源并网带来的系统调峰问题，5.4 节提出了提出兼顾经济性和灵活性的储能辅助调峰优化配置方法，现构建以下算例进一步对比分析系统不确定性以及风电渗透率对储能配置方案及系统灵活性的影响。选取 IEEE RTS-24 和 IEEE-118 节点系统，并在节点 1 处接入风电渗透率为 20%的风电场，所使用的相关参数见表 5-2~表 5-5。

表 5-2 IEEE RTS-24 节点系统机组数据

节点	机组型号	台数	强迫停运率	运行成本 /USD·(MW·h)$^{-1}$	机组容量/MW	最小出力/MW	爬坡率/MW·h^{-1}
1	2号	2	0.1	40.85	20	11	3
1	4号	2	0.02	15.3	76	26.6	2.66
2	2号	2	0.1	40.85	20	11	3
2	4号	2	0.02	15.3	76	26.6	2.66
7	5号	3	0.04	24.8	100	55	15
13	7号	3	0.05	22.7	197	108.35	29.55
15	1号	5	0.02	28.4	12	6.6	1.8
15	6号	1	0.04	12.1	155	54.3	5.43
16	6号	1	0.04	12.1	155	54.3	5.43
18	9号	1	0.12	6.03	200	200	—
21	9号	1	0.12	6.03	200	200	—
22	3号	6	0.01	24.04	50	27.5	7.5
23	6号	2	0.04	12.1	155	54.3	5.43
23	8号	1	0.08	12.4	350	140	52.5

表 5-3 IEEE RTS-24 节点系统最大负荷

负荷节点	最大负荷/MW	负荷节点	最大负荷/MW
1	108	13	265
2	97	14	194
3	180	15	317
4	74	16	100
5	71	17	0
6	136	18	333
7	125	19	181
8	171	20	128
9	175	21	0
10	195	22	0
11	0	23	0
12	0	24	0

表 5-4 电网峰谷分时电价

时段	时　间	电价/元 · $(kW \cdot h)^{-1}$
谷	0 : 00~8 : 00	0. 3139
平	12 : 00~17 : 00，21 : 00~24 : 00	0. 6418
峰	8 : 00~12 : 00，17 : 00~21 : 00	1. 0697

表 5-5 其他相关参数

参数名称	参数值
储能单位容量成本/万元 · $(MW \cdot h)^{-1}$	210
储能单位功率成本/万元 · MW^{-1}	80
储能运行维护系数	0. 01
储能充放电效率	0. 95
储能荷电状态范围	[0. 1, 0. 9]
贴现率	20%
切负荷成本系数/元 · $(kW \cdot h)^{-1}$	42

由于风电出力的随机特性和季节特性，考虑风电出力的预测误差，以 24 节点系统为例，建立春夏秋冬四个季节的风电出力场景集，如图 5-11 所示。

基于 Well-Being 理论的分析，每个季节的调峰需求目标场景集包括 3 个典型场景：健康（Healthy）、临界（Marginal）和风险（Risk）。其中，Healthy 表示大规模风电并网后，系统的调峰需求小于风电场接入前的情况；Marginal 表示大规模风电的接入加大了系统的调峰压力，但由于系统自身具有一定程度的调节能

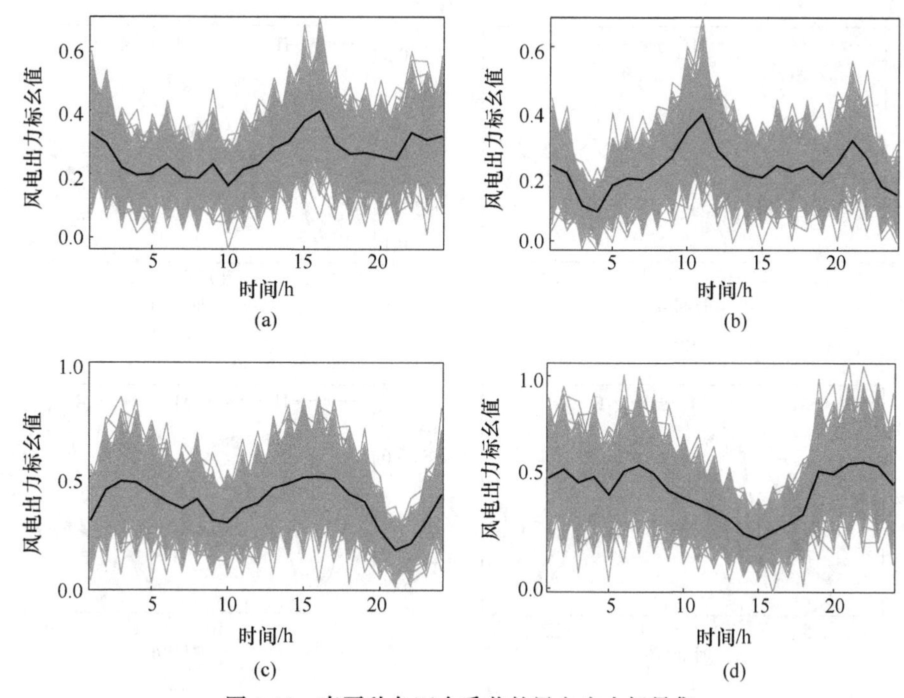

图 5-11 春夏秋冬四个季节的风电出力场景集
（a）春季；（b）夏季；（c）秋季；（d）冬季

力，系统的有效调峰能力大于调峰需求的情况；Risk 表示大规模风电接入后，系统的有效调峰能力小于调峰需求的情况。全年可得到 12 种调峰需求的典型场景及其对应的典型风电出力曲线，如图 5-12 所示，相应概率见表 5-6。

表 5-6 基于 Well-Being 理论的调峰需求典型场景概率

场 景	春季	夏季	秋季	冬季	全年
Healthy	0.17	0.61	0.09	0.07	0.24
Marginal	0.72	0.34	0.54	0.68	0.57
Risk	0.11	0.05	0.37	0.25	0.19

由图 5-11、图 5-12 和表 5-6 可知，夏季风电出力曲线具有正调峰特性，风电出力增减趋势与时序负荷变化趋势基本相同，易出现接入风电后系统调峰需求减小的情况，一定程度上缓解了系统的调峰压力，夏季 Risk 类型的调峰需求概率为0.05，远低于其他季节。秋季风电出力曲线具有明显的反调峰特性，大规模风电接入后加大系统的调峰压力，易出现调峰灵活性不足的现象，秋季 Risk 类型的概率最高。

从全年来看，尽管 4 个季节的风电出力曲线各不相同，但每个类型的风电出力曲线变化趋势大致相似。系统调峰需求大部分集中于 Marginal 类型，说明系统

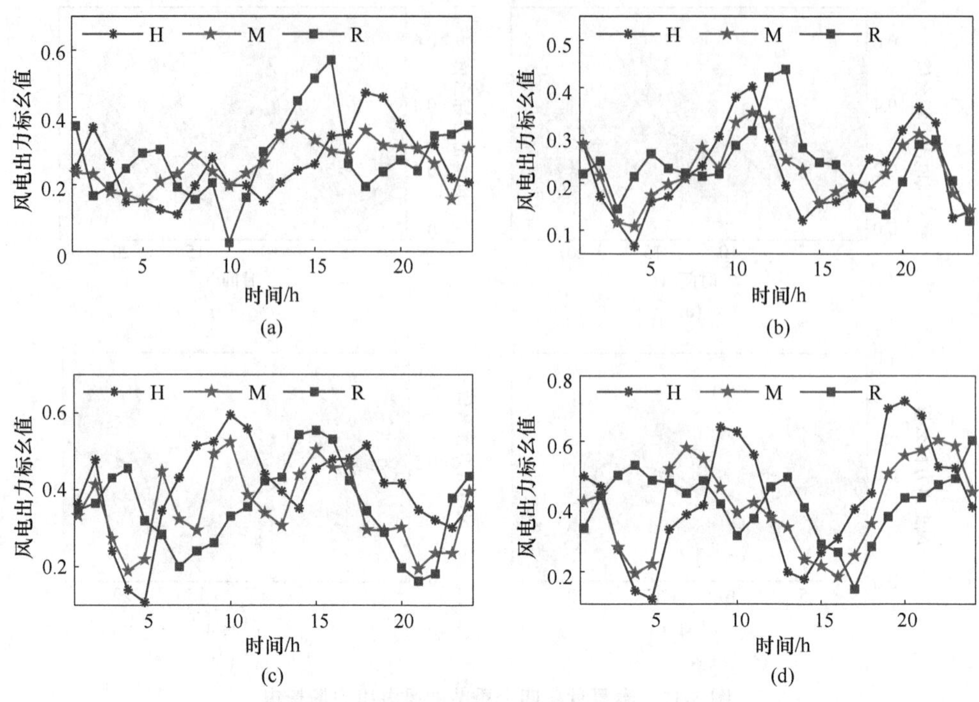

图 5-12　调峰容量需求典型场景的风电出力曲线
（a）春季；（b）夏季；（c）秋季；（d）冬季

具有一定的调节能力，能够应对风电接入后的部分调峰压力。Risk 类型的概率为 0. 19，说明当风电渗透率为 20%时，系统调峰灵活性不足的概率较高，需要配置储能进行辅助调峰。

为了研究系统上/下调峰压力较大的具体时段，基于 24 节点系统的某一典型场景，风电接入前后不同时段的调峰能力不足概率如图 5-13 所示。

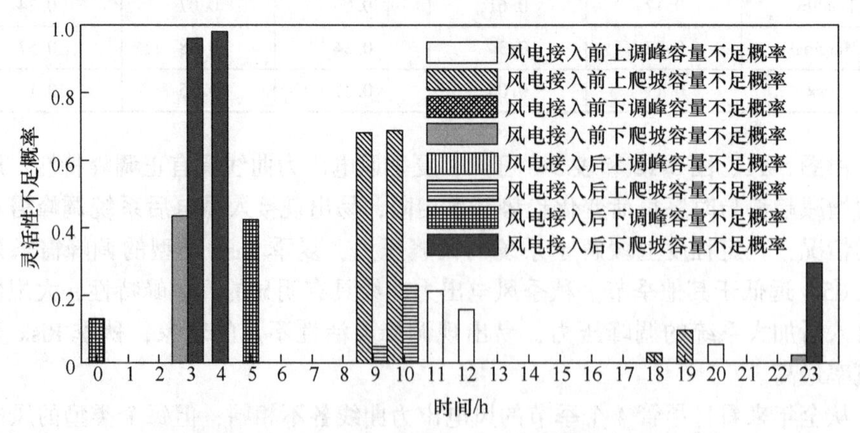

图 5-13　某典型日不同时段的向上/下调峰能力不足概率

由图 5-13 可知，大规模风电接入后，系统上调峰能力不足明显减小，下调峰能力不足明显增加，失负荷事件可能发生在 09：00~10：00，弃风现象多发生在 03：00~05：00 和 23：00~24：00，直观体现了不同时段引起系统上/下调峰能力不足的主要原因，风电渗透率为 20%时，风电并网带来的系统调峰压力主要在于低谷时段的下调峰能力不足。

为了对比分析调峰需求及调峰能力不确定性对储能配置方案及系统经济性、灵活性的影响，表 5-7 设置了考虑不同不确定性因素的案例，并分别采用 24 和 118 节点系统进行仿真，case 1~case 4 的风电渗透率为 20%，24 和 118 节点系统的结果见表 5-8~表 5-11。

表 5-7 考虑不同不确定性因素的储能配置方案

案 例	风储系统	考虑的因素	
		调峰需求不确定性	随机停运
case 0	不含风、储	√	√
case 1	不含储能	√	√
case 2	√	×	√
case 3	√	√	×
case 4	√	√	√

注：case 1~case 4 的风电渗透率为 20%。

表 5-8 IEEE RTS-24 节点系统不同案例下的储能配置方案及系统灵活性指标对比

案 例	储能位置	功率/MW	容量/MW·h	E_{UPAS}/MW·h	P_{UPAS}/%	E_{DPAS}/MW·h	P_{DPAS}/%
case 0	—	—	—	29.80	4.26	9.69	1.82
case 1	—	—	—	4.09	0.26	149.55	6.41
case 2	1	3.28	4.10	0	0	92.13	2.22
	6	13.30	16.64				
	24	27.52	34.33				
case 3	4	32.85	41.07	0	—	53.56	—
	6	30.52	37.91				
	7	16.68	20.74				
case 4	3	25.49	31.86	0	0	21.87	0.79
	5	42.33	52.69				
	24	27.17	33.97				

表 5-9 IEEE 118 节点系统不同案例下的储能配置方案及系统灵活性指标对比

案 例	储能位置	功率/MW	容量/MW·h	E_{UPAS}/MW·h	P_{UPAS}/%	E_{DPAS}/MW·h	P_{DPAS}/%
case 2	1	24.58	30.56	0	0	1042.32	8.08
	6	55.44	68.85				
	34	59.89	74.41				
	77	67.45	84.05				
case 3	9	34.17	42.58	0	—	55.04	—
	34	99.87	124.19				
	61	49.20	61.42				
	94	36.22	45.12				
	116	70.28	87.53				
case 4	1	26.55	33.19	0	0	3.86	0.20
	31	21.91	27.23				
	54	27.58	34.40				
	90	184.71	230.43				
	112	109.03	135.78				

表 5-10 IEEE RTS-24 节点系统不同方案下的成本及收益构成

案 例	综合成本/百万元	运行成本/百万元	储能成本/万元		f_{cpl}/万元	f_{w}/万元
			$f_{benifit}$	f_{invest}		
case 0	39.66	38.42	—		123.43	0.55
case 1	37.72	37.47	—		16.92	8.39
case 2	36.84	36.65	6.50	20.84	0	5.18
case 3	36.96	36.72	16.92	37.83	0	3.01
case 4	36.93	36.63	27.13	56.30	0	1.19

表 5-11 IEEE 118 节点系统不同方案下的成本及收益构成

案 例	综合成本/百万元	运行成本/百万元	储能成本/万元		f_{cpl}/万元	f_{w}/万元
			$f_{benifit}$	f_{invest}		
case 2	115.84	114.77	32.21	80.66	0	58.21
case 3	117.63	116.93	52.99	120.29	0	3.07
case 4	117.37	116.74	72.71	135.79	0	0.21

注：在 118 节点系统中，case 2~case 4 的风电渗透率为 20%，case 2 不考虑风电的预测误差；case 3 不考虑机组的随机停运；case 4 考虑调峰需求和调峰能力的不确定性。

由图 5-14 可知，系统在模拟周期内每一时刻的有效调峰容量分布均相同，有效爬坡容量分布均不同，不同区间的有效爬坡容量分布需要根据调峰需求场景进行更新计算。以 case 4 为例，采用蒙特卡罗方法和本章方法的计算时间分别为 2861.78s、228.37s，体现了该方法在计算时间上的优越性。

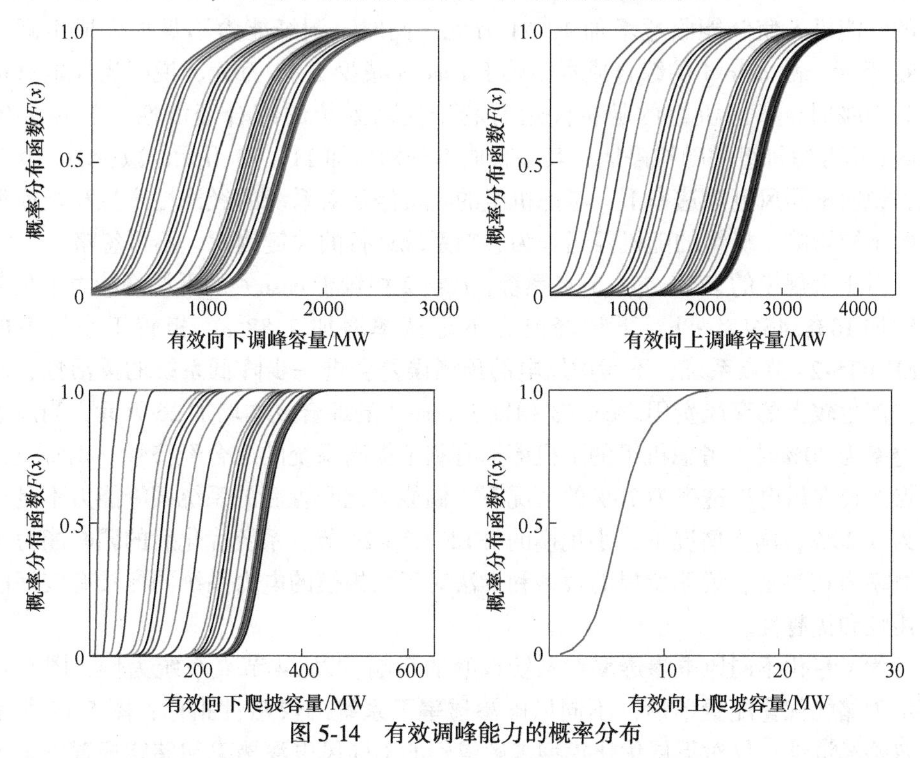

图 5-14 有效调峰能力的概率分布

对于 24 和 118 节点系统，不同案例下的储能最优配置方案、风储联合系统的灵活性指标及成本构成分别见表 5-8～表 5-11。但在实际规划中，储能的额定功率、额定容量通常取整数。由表中结果可以看出，储能优化配置模型中考虑调峰需求的不确定性和机组的随机停运会对配置方案产生显著的影响，而提出的综合考虑系统经济性、灵活性的双层规划模型更优。

从调峰灵活性角度，case 4 配置储能后，系统的上/下调峰能力不足概率远小于 case 0、case 1，配置储能对系统灵活性提升方面效果显著。case 2 不考虑调峰需求的不确定性，case 3 不考虑机组的随机停运，case 4 相较于 case 2、case 3 的下调峰能力不足期望分别减少 70.26MW · h、31.69MW · h，表明当风电的实际出力低于预测出力时或当机组随机停运时，由于下调峰能力不足导致的潜在弃风量减少。因此所提的考虑风电不确定性和机组随机停运的双层优化模型，有利于提高系统的调峰灵活性，使系统具有更强的应对不确定性的能力。

从经济性角度，case 4 的综合成本低于 case 1，合理的储能配置有利于提高系统的经济性。为了满足灵活性约束，case 4 相较于 case 2 的储能配置容量增加

63.45MW · h，综合成本增加 8.95 万元，说明风电的随机性对系统的影响较大，不可忽略，需要以一定的经济代价应对风电的随机特性对系统调峰的影响。case 4 相较于 case 3 的储能配置容量增加 18.80MW · h，由于储能存在峰谷套利，更多的储能投入使储能收益增加 10.21 万元，同时，调峰能力不足损失成本减少 1.82 万元，故 case 4 的综合成本相较于 case 3 减少 2.72 万元，说明当风电渗透率为 20%时，考虑机组的随机停运有利于提高系统的综合经济性。若 case 0、case 1 不考虑机组的随机停运，其综合成本分别增加 111.73 万元、减少 10.70 万元，说明不同风电渗透率下，考虑机组的随机停运对系统的经济性产生积极或消极的不同影响，机组的随机停运作为影响系统运行的关键因素，不可忽略。

对于大规模的 IEEE 118 节点系统，case 2 相较于 case 4 的下调峰能力不足期望增加 1038.46MW · h，下调峰能力不足概率增加 7.88%，相较于小规模的 IEEE RTS-24 节点系统，不考虑风电的预测误差会进一步降低系统的灵活性，同时，产生较大的弃风费用。case 3 相较于 case 4 的综合成本增加 26 万元，当风电渗透率为 20%时，考虑机组的随机停运有利于提高系统的综合经济性。IEEE 118 节点系统在风电渗透率为 20%的情况下，储能优化配置后的系统调峰能力不足概率为 0.20%，同样情况下，小规模的 IEEE RTS-24 节点系统优化后的调峰能力不足概率为 0.79%，说明所提的模型和方法对于大规模的电力系统同样具有较好的适用性和优越性。

为了量化不同风电渗透率对系统调峰的影响，以 24 节点系统为例，图 5-15 所示为储能优化配置前后，不同风电渗透率下系统的灵活性指标；图 5-16 所示为忽略经济性，仅对下层优化模型求解得到的不同风电渗透率和储能配置方案下系统总调峰能力不足指标。

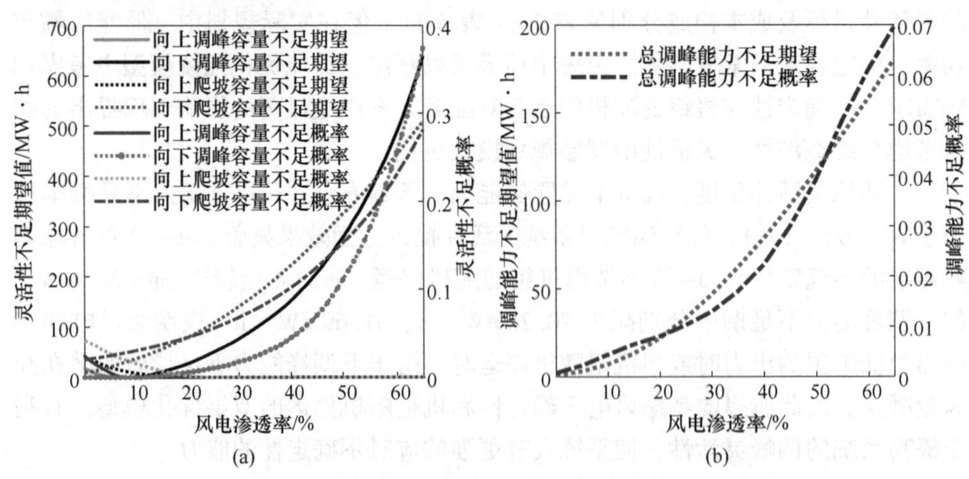

图 5-15 IEEE RTS-24 不同风电渗透率的系统灵活性指标

(a) 储能优化前各项灵活性指标；(b) 储能优化后系统总调峰灵活性指标

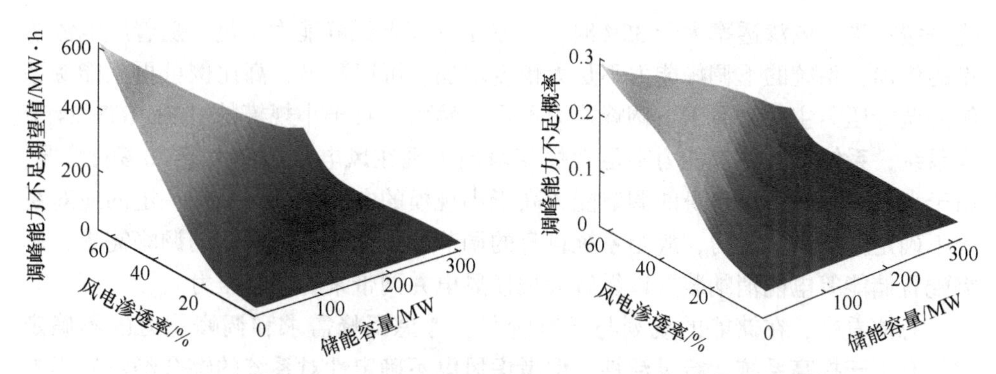

图 5-16 IEEE RTS-24 不同风电接入比例下系统总调峰能力不足指标

由图 5-15 和图 5-16 可知，当风电渗透率小于 5%时，主要存在上调峰能力不足风险，几乎可以忽略下调峰能力不足的影响。随着储能容量的增加，灵活性不足指标的变化趋于平缓。当风电渗透率小于 20%时，系统的总调峰能力不足概率/期望较小，配置储能对提高系统调峰灵活性的效果微弱；当风电渗透率大于 35%时，配置不同容量的储能对系统总调峰能力不足的影响较大，说明储能辅助调峰对提升高比例可再生能源系统的调峰灵活性效果显著。

相应地，118 节点系统储能优化配置前后，不同风电渗透率下系统灵活性指标的变化情况如图 5-17 所示。

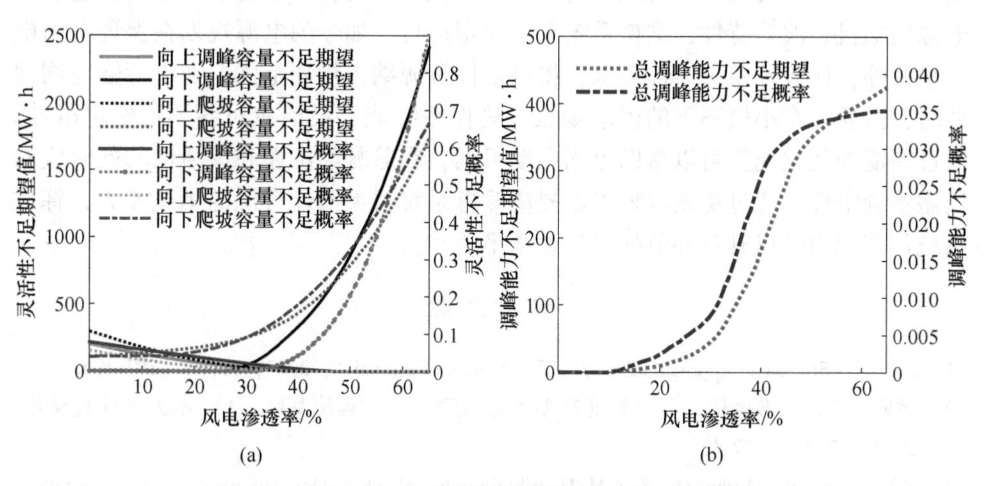

图 5-17 IEEE 118 不同风电渗透率的系统灵活性指标

（a）储能优化前各项灵活性指标；（b）储能优化后系统总调峰灵活性指标

由图 5-15 和图 5-17 可知，对于大规模的 IEEE 118 节点系统，随着风电渗透率的增加，上调峰能力不足逐渐减小，当风电渗透率小于 10%时，主要存在上调峰能力不足风险，此时，针对配置储能的规划几乎可以忽略下调峰能力不足的影响。当风电渗透率小于 30%时，系统的下调峰能力不足期望值/概率较小，且变化平缓；当风电渗透率大于35%时，几乎不存在上调峰能力不足，随着风电渗透率的增加，系统的下调峰能力不足大幅度增加，可以看出，高比例可再生能源系统的调峰压力主要来源于下调峰能力不足。然而，对于小规模的 IEEE RTS-24 节点系统，系统的下调峰能力不足大幅度增加出现在风电渗透率大于20%的情况，由于大规模电力系统自身的调节能力高于小规模的电力系统，具备一定的应对系统不确定性的调节能力，故当系统自身的调节能力无法满足当前的调峰需求，亟需配置储能等电能消纳装置以缓解大规模风电并网带来的调峰压力。

总体看来，在储能的规划与运行阶段，考虑调峰需求和调峰能力的不确定性，有利于提高系统运行灵活性，但考虑风电不确定性对系统的综合经济性影响较大，单一的经济性规划模型在系统不确定性较大时会出现严重的弃风现象或失负荷现象。同时，随着风电渗透率的增加，系统自身的调节能力无法满足灵活性要求，调峰问题主要在于下调峰能力不足导致的弃风现象，在风电渗透率较高的情况下，储能对提升系统调峰灵活性的效果显著。

5.7 小结

在电力系统规划中考虑灵活性对于接纳高比例可再生能源具有重要意义，与之而来的不确定性将为电力系统的规划运行带来深刻变革。在规划阶段对系统可用的灵活性资源类型和潜力进行定量分析和优化配置，可以有效匹配可再生能源电源的随机、波动特性，维持系统安全稳定运行。如今的电源规划在保证电力电量平衡外，还应计及灵活性需求，将灵活性资源纳入规划范围。在进行输电网规划时，需要注意小概率下的极端场景，确保系统能够灵活应对各类不确定事件。通过储能的优化配置可以帮助电网主动可调，在兼顾经济性和灵活性的同时应对供需不确定性。通过协调规划可以提高输电系统对灵活性资源的承载能力，释放系统调节能力并提升各环节的灵活性水平。

参考文献

[1] LAI T L. Stochastic approximation[J]. The Annals of Statistics, 2003, 31(2): 391-406.

[2] 魏韡，刘锋，梅生伟．电力系统鲁棒经济调度（一）理论基础［J］．电力系统自动化，2013，37(17)：37-43.

[3] Wiesemann W, Kuhn D, Sim M. Distributionally robust convex optimization[J]. Operations Research, 2014, 62(6): 1358-1376.

[4] 徐潇源，王晗，严正，等．能源转型背景下电力系统不确定性及应对方法综述［J］．电力系统自动化，2021，45(16)：2-13.

[5] José R. Vázquez-Canteli, Zoltán Nagy. Reinforcement learning for demand response: A review of algorithms and modeling techniques[J]. Applied Energy, 2019, 235: 1072-1089.

[6] Duan J, Shi D, Diao R, et al. Deep-reinforcement-learning-based autonomous voltage control for

power grid operations[J]. IEEE Transactions on Power Systems, 2019, PP(99): 1-1.

[7] Zhang B, Lu X, Diao R, et al. Real-time autonomous line flow control using proximal policy optimization[C]. 2020 IEEE Power & Energy Society General Meeting(PESGM). IEEE, 2020.

[8] Dehghanpour K, Yuan Y, Wang Z, et al. A game-theoretic data-driven approach for pseudo-measurement generation in distribution system state estimation[J]. IEEE Transactions on Smart Grid, 2019: 1-1.

[9] Mestav K R, Luengo-Rozas J, Tong L. Bayesian state estimation for unobservable distribution systems via deep learning [J]. IEEE Transactions on Power Systems, 2019, 34(6): 4910-4920.

[10] 杨珺，李凤婷，张高航．考虑灵活性需求的新能源高渗透系统规划方法 [J/OL]. 电网技术：1-12[2021-10-06]. https://doi. org/10. 13335/j. 1000-3673. pst. 2021. 0943.

[11] 程浩忠，李隽，吴耀武，等．考虑高比例可再生能源的交直流输电网规划挑战与展望 [J]. 电力系统自动化，2017，41(9)：19-27.

[12] 马静洁，张少华，李雪，等．发电系统充裕度与灵活性的随机评估 [J]. 电网技术，2019，43(11)：3867-3874.

[13] 王锡凡，王秀丽．随机生产模拟及其应用 [J]．电力系统自动化，2003(8)：10-15，31.

[14] 邹斌，李冬．基于有效容量分布的含风电场电力系统随机生产模拟 [J]. 中国电机工程学报，2012，32(7)：23-31，187.

[15] 孙伟卿，宋赫，秦艳辉，等．考虑灵活性供需不确定性的储能优化配置 [J]. 电网技术，2020，44(12)：4486-4497.

[16] 吴玮坪，胡泽春，宋永华．结合随机规划和序贯蒙特卡洛模拟的风电场储能优化配置方法 [J]. 电网技术，2018，42(4)：1055-1062.

[17] 张艺镨，艾小猛，方家琨，等．基于广义凸包不确定集合的数据驱动鲁棒机组组合 [J]. 中国电机工程学报，2020，40(2)：477-487.

[18] Mazhari S M, Safari N, Chung C. Y, et al. A quantile regression-based approach for online probabilistic prediction of unstable groups of coherent generators in power systems[J]. IEEE Transactions on Power Systems, 2019, 34(3): 2240-2250.

[19] Amparo B, Antonio C, Ana J. Set estimation and nonparametric detection[J]. Canadian Journal of Statistics, 2000, 28(4): 765-782.

[20] Li J, Li Z, Ye H, et al. Robust coordinated transmission and generation expansion planning considering ramping requirements and construction periods[J]. IEEE Transactions on Power Systems, 2018, 33(1): 268-280.

[21] An Y, Zeng B. Exploring the modeling capacity of two-stage robust optimization: variants of robust unit commitment model[J]. IEEE Transactions on Power Systems, 2015, 30(1): 109-122.

6 电力系统灵活性资源运行优化

随着新能源并网容量逐渐增大，电力系统的运行工况更加复杂多变，灵活平衡能力成为系统安全稳定运行的核心，且电网、电源、负荷的多向交互影响使得电力系统运行特性呈现多元化趋势。面对日益凸显的灵活性需求，充裕的灵活调节资源已成为系统运行的必需条件，应对不确定因素的响应能力成为重大诉求。要实现以新能源为主体的新型电力系统的构建，需要寻求灵活性更强和适应性更好的调度运行方案，通过优化调配各类可用资源，以一定的成本适应发电、电网及负荷随机变化，确保电力系统灵活高效运行。

6.1 计及灵活性约束的备用容量策略

传统电力系统发电成本主要来源于煤电、气电、核电等机组的燃料成本，而在新型电力系统投入运营后，由于其发电均来源于可再生资源，故系统除少量天然气合成的费用外几乎不存在燃料成本。但系统运行时仍需预留一定的有功备用容量，用于维持和保证系统的稳定运行，故备用成本的有效核算较为关键。为得到最为经济的系统运营成本，在调度运行中应制定经济、可靠的发电和备用计划。

在第5章介绍了有关不确定性因素的处理方法，分布鲁棒由于兼具随机和鲁棒的优势，成为处理不确定性变量的有力工具。大多数电力系统在日前机组组合方案中都采用日前新能源发电预测的方式，目前预测的准确度对于在机组组合优化中恰当考虑可再生能源预期容量至关重要，否则就会投入过多的火电机组，使得系统运行的经济效益受到影响。但新能源发电的随机性、波动性和间歇性使得日前预测值具有不确定性，这种不确定性有时会比负荷预测的不确定性更高，因此需要一种经济调度策略充分考虑可再生能源出力的不确定性，以保证系统的鲁棒性和经济性。

目前在电力系统运行优化研究中，解决由可再生能源出力不确定性因素引起的电网经济优化调度问题已成为目前的研究热点，运用分布鲁棒优化方法处理可再生能源出力不确定的研究已经开展。该方法不仅聚焦传统的机组组合与经济调度，还考虑了可再生能源出力不确定的机组（主）与备用（备）协同优化。其调度过程分为预调度和再调度两个阶段，由再调度决策实时满足运行约束，而预调度则保证再调度的存在性，以此应对最坏情况下不确定因素的扰动。

6.1.1 两阶段模型

6.1.1.1 第1阶段模型

在第1阶段（日前）经济调度中，假设风电在第2天的出力值是确定的，考虑负荷、系统可靠性、风电出力波动对旋转备用容量的影响，将其建模为

$$\min \sum_{i \in [I]} \left(a_i p_i^{\mathrm{f}} + c_i^{\mathrm{r}+} r_i^+ + c_i^{\mathrm{r}-} r_i^- \right) \tag{6-1}$$

$$\text{s.t.} \quad p_i^{\min} \leqslant p_i^{\mathrm{f}} - r_i^-,\ p_i^{\mathrm{f}} + r_i^+ \leqslant p_i^{\max} \tag{6-2}$$

$$\sum_{i \in [I]} p_i^{\mathrm{f}} + \sum_{j \in [J]} \omega_j^{\mathrm{f}} = \sum_{q \in [Q]} p_q \tag{6-3}$$

$$-\overline{F}_l \leqslant \sum \pi_{il} p_i^{\mathrm{f}} + \sum \pi_{jl} \omega_j^{\mathrm{f}} - \sum \pi_{ql} p_q \leqslant \overline{F}_l \tag{6-4}$$

$$0 \leqslant r_i^+ \leqslant R_i^+ \Delta t, \quad 0 \leqslant r_i^- \leqslant R_i^- \Delta t \tag{6-5}$$

式中，a_i 为传统机组 i 的运行成本系数；p_i^{f} 为机组 i 的有功出力；$c_i^{\mathrm{r}+}$ 和 $c_i^{\mathrm{r}-}$ 分别为机组 i 的上下旋转备用成本系数；r_i^+ 和 r_i^- 分别为机组 i 的上下旋转备用容量；$p_i^{\max}$ 和 $p_i^{\min}$ 分别为机组 i 的最大、小出力值；ω_j^{f} 为风电出力预测值；p_q 为负荷需求；F_l 为线路最大传输功率；π_{il}、π_{jl} 和 π_{ql} 分别为机组、可再生能源机组和负荷与线路 l 间的功率传输分布因子；Δt 为调度时间间隔；R_i^+ 和 R_i^- 为机组上下爬坡速率。

式（6-1）为总的生产成本，包括机组运行成本和向上、向下旋转备用成本；约束式（6-2）是考虑旋转备用的机组出力约束，约束式（6-3）是考虑风电出力预测值的功率平衡条件，约束式（6-4）是线路潮流约束；考虑在预调度阶段中的旋转备用和机组爬坡之间的约束关系，约束式（6-5）描述了在调度间隔内，旋转备用容量不能超过爬坡上下限[1]。

6.1.1.2 第2阶段模型

在第2阶段（实时）经济调度中，根据风电的真实出力值，对第1阶段调度决策进行修正。考虑到与第1阶段之间的关联性，将第2阶段的经济调度建模为

$$\min \sum_{i \in [I]} \left(c_i^{\mathrm{g}+} p_i^+ + c_i^{\mathrm{g}-} p_i^- \right) + \sum_{j \in [J]} \left(c_j \omega_j^{\mathrm{c}} \right) \tag{6-6}$$

$$\text{s.t.} \quad \sum_{q \in [Q]} p_q = \sum_{j \in [J]} \left(\omega_j^{\mathrm{f}} + \xi_j - \omega_j^{\mathrm{c}} \right) + \sum_{i \in [I]} \left(p_i^{\mathrm{f}} + p_i^+ - p_i^- \right) \tag{6-7}$$

$$-\overline{F}_l \leqslant \sum \pi_{il} \left(p_i^{\mathrm{f}} + p_i^+ - p_i^- \right) + \sum \pi_{jl} \left(\omega_j^{\mathrm{f}} + \xi_j - \omega_j^{\mathrm{c}} \right) - \sum \pi_{ql} p_q \leqslant \overline{F}_l \tag{6-8}$$

$$0 \leqslant \omega_j^{\mathrm{c}} \leqslant \omega_j^{\mathrm{g}} \tag{6-9}$$

$$0 \leqslant p_i^+ \leqslant r_i^+, \quad 0 \leqslant p_i^- \leqslant r_i^- \tag{6-10}$$

$$\omega_j^{\mathrm{f}} = \omega_j^{\mathrm{g}} - \xi_j \tag{6-11}$$

式中，c_i^{g+} 和 c_i^{g-} 为机组 i 实时向上下调度成本系数；p_i^+ 和 p_i^- 为机组 i 实时向上下调度容量；c_j 为弃风成本系数；ω_j^c 为弃风量；ω_j^g 为风电实时出力值；ξ_j 为风电出力预测误差。

当考虑风电的实际功率输出时，目标函数式（6-6）包括机组再调度成本和弃风成本。式（6-7）~式（6-9）分别表示功率平衡条件、线路潮流约束、最大弃风量约束。式（6-10）约束了机组的实时再调度能力不能超过其在第 1 阶段的旋转备用容量。实际风电输出功率与预测输出功率的关系用约束式（6-11）表示。

6.1.1.3 两阶段模型

为简便书写及表述清晰，以上的两阶段模型可以抽象成如下表达式：

$$\min \ \boldsymbol{c}^{\mathrm{T}}\boldsymbol{x} + Q(\boldsymbol{x},\ \xi) \tag{6-12}$$

$$\text{s.t.} \quad \boldsymbol{A}\boldsymbol{x} - \boldsymbol{b} \leqslant 0 \tag{6-13}$$

式（6-13）代表了约束式（6-2）~式（6-5）。$Q(\boldsymbol{x},\ \xi)$ 为第 2 阶段的优化值，可由式（6-14）求得：

$$\begin{cases} Q(\boldsymbol{x},\ \xi) = \min\limits_{y} \boldsymbol{d}^{\mathrm{T}}\boldsymbol{y} \\ \text{s.t.} \quad \boldsymbol{H}\boldsymbol{x} + \boldsymbol{K}\boldsymbol{y} \leqslant \boldsymbol{r} - \boldsymbol{R}\boldsymbol{\xi} \\ \boldsymbol{W}\boldsymbol{x} + \boldsymbol{U}\boldsymbol{y} \leqslant \boldsymbol{e} \\ \boldsymbol{x} \geqslant 0,\ \boldsymbol{y} \geqslant 0 \end{cases} \tag{6-14}$$

矩阵 $\boldsymbol{H}$，$\boldsymbol{K}$，$\boldsymbol{W}$，$\boldsymbol{U}$，$\boldsymbol{R}$ 和向量 $\boldsymbol{r}$，$\boldsymbol{e}$ 表示约束式（6-7）~式（6-11）中的系数。$x=[p_i^f,\ r_i^+,\ r_i^-]$ 和 $y=[p_i^+,\ p_i^-,\ \omega_j^c]$ 分别为第 1、2 阶段的决策变量。

6.1.2 分布鲁棒模型

6.1.2.1 模糊集

分布鲁棒优化是在模糊集内最恶劣的不确定性的概率分布情景下实施调度策略，模糊集的构造是影响分布鲁棒调度策略的关键因素。不同形式的模糊集将使分布鲁棒调度模型有着不同的保守性和求解效率。目前模糊集的构造方法主要有 2 种[2,3]：矩信息模糊集和距离模糊集。矩信息模糊集通过假设已知不确定变量的一阶矩和二阶矩，即期望和方差来构建。距离模糊集通过距离函数表征 2 个分布函数之间的关系来构建，常用的距离函数包括 Prokhorov 度量、Wasserstein 度量和 Kullback-Leibler 度量[4,5]。参考相关的已有研究，本节在平衡鲁棒性和求解难度的前提下，利用一阶矩信息来构造模糊集。对式（6-14）中的随机变量，由可得风电出力的历史数据，建立基于随机变量数据的概率分布矩信息模糊集[6]：

$$\mathcal{P}=\left\{P\in\mathcal{P}\left|\begin{array}{l}E_P[1]=1\\E_P[\psi_s(\xi)]=\mu_s,\ s=1,\ 2,\ \cdots,\ m\\E_P[\psi_s(\xi)]\leqslant\mu_s,\ \ s=m+1,\ m+2,\ \cdots,\ n\end{array}\right.\right\} \tag{6-15}$$

式中，P 为风电出力随机概率分布；$\mathcal{P}$为包含所有可能发生的概率分布集合；s 为某一确定场景；μ_s 为在场景 s 下风电出力的概率分布一阶矩信息；$E_P[\cdot]$ 为随机变量服从 P 分布时的期望值。

6.1.2.2 分布鲁棒模型

分布鲁棒结合了随机规划法和鲁棒优化法的优点：在未知确定的概率分布下求得满足所有约束条件的具有较低保守性的解。基于构造的模糊集，可得到以下优化问题：

$$\begin{gathered}\min c^{\mathrm{T}}x+\max_{P\in\mathcal{P}}E_P[Q(x,\ \xi)]\\ \text{s.t.}\quad 式(6\text{-}13)\sim式(6\text{-}15)\end{gathered} \tag{6-16}$$

式（6-16）为考虑风电出力随机性的分布鲁棒模型，$E_P[Q(x,\ \xi)]$ 是在不确定变量服从分布函数 P 时的期望值。在期望值最大情况下对整式进行求解最小值，这体现出了“鲁棒”的建模思想。

6.1.2.3 分布鲁棒模型转化

式（6-16）中的目标函数是在最坏概率分布下求总成本最小值，模型中含有不确定变量使得该问题难以直接求解，需要进一步转化为可求解形式。根据对偶理论，式（6–16）可以得到以下表达：

$$\begin{cases}\min\limits_{(x,\ \lambda)} \boldsymbol{c}^{\mathrm{T}}\boldsymbol{x}+\lambda_0+\sum\limits_{s=1}^{n}\lambda_s\mu_s\\ \text{s.t.}\ \ \boldsymbol{Ax}\leqslant\boldsymbol{b}\\ \lambda_s\geqslant 0,\ \ s=m+1,\ m+2,\ \cdots,\ n\\ Q(\boldsymbol{x},\ \xi)\leqslant\lambda_0+\sum\limits_{s=1}^{n}\lambda_s\psi_s(\xi)\end{cases} \tag{6-17}$$

式中，$\lambda\in\{\lambda_0,\ \lambda_1,\ \cdots,\ \lambda_n\}$ 为新的对偶变量；$\psi_s(\xi)$ 为随机变量的概率分布，又可以写为

$$\begin{cases}\min\limits_{(x,\ \lambda)} \boldsymbol{c}^{\mathrm{T}}\boldsymbol{x}+\sum\limits_{s=1}^{n}\lambda_s\mu_s+\sup\limits_{\xi\in\Xi}\left[Q(\boldsymbol{x},\ \xi)-\sum\limits_{s=1}^{n}\lambda_s\psi_s(\xi)\right]\\ \text{s.t.}\ \ \boldsymbol{Ax}\leqslant\boldsymbol{b}\\ \lambda_s\geqslant 0,\ s=m+1,\ m+2,\ \cdots,\ n\end{cases} \tag{6-18}$$

采用蒙特卡洛方法，以 $\{\xi^1,\ \xi^2,\ \cdots,\ \xi^N\}$ 为样本 ξ 的独立同分布采样，引

入条件风险价值理论，可得到以下原分布鲁棒最终转化形式：

$$\begin{cases}\min\limits_{(x,\ \lambda)} \boldsymbol{c}^{\mathrm{T}}\mathbf{x} + \sum\limits_{s=1}^{n}\lambda_s\mu_s + \min\limits_{\eta}\left[\eta + \dfrac{1}{(1-\beta)N}\sum\limits_{j=1}^{N}(\overline{Q}(\boldsymbol{x},\ \xi^j) - \eta)_+\right] \\ \text{s.t.}\ \ \boldsymbol{Ax} \leqslant \boldsymbol{b} \\ \lambda_s \geqslant 0,\ s = m+1,\ m+2,\ \cdots,\ n \\ \overline{Q}(\boldsymbol{x},\ \xi) = Q(\boldsymbol{x},\ \xi^j) - \sum\limits_{s=1}^{n}\lambda_s\psi_s(\xi)\end{cases} \tag{6-19}$$

6.1.3 求解方法

6.1.3.1 近似化处理

随机对偶动态规划是一种广泛应用的求解多阶段随机规划的方法，它根据不同的阶段将原问题进行分解为相应的子问题进行迭代求解，并在每次向前、向后迭代时以一个线性表达式作为近似值来代替初始值，该方法已被用于解决电力系统经济调度等问题[7,8]。利用随机对偶动态规划法求解式（6-19）的困难在于如何表达最优值函数 $Q(x,\ \xi^j)(j=1,\ 2,\ \cdots,\ N)$，本节基于随机对偶动态规划方法，提出了一种改进的算法来求解模型式（6-19）。改进方法过程如下。

以 $D_k(\boldsymbol{x},\ \xi)$ 为 $Q(\boldsymbol{x},\ \xi^j)$ 的优化值表达式，$w^k(\xi)$ 为式(6-14）的对偶优化值，$l^k(\boldsymbol{x},\ \xi)$ 为任一解值 x^k 的线性化近似值，有：

$$\begin{cases} l_k(\boldsymbol{x},\ \xi) = Q(\boldsymbol{x}^k,\ \xi) + \boldsymbol{d}^{\mathrm{T}}w_k(\xi)(\boldsymbol{x} - \boldsymbol{x}^k) \\ D_{k+1}(\boldsymbol{x},\ \xi) = \max\{D_k(\boldsymbol{x},\ \xi),\ l_k(\boldsymbol{x},\ \xi)\}\end{cases} \tag{6-20}$$

由式（6-20）近似化表达，模型式（6-19）进一步转化为：

$$\begin{cases}\min\limits_{(x,\ \eta,\ \lambda)} \boldsymbol{c}^{\mathrm{T}}x + \sum\limits_{s=1}^{n}\lambda_s\mu_s + \left\{\eta + \dfrac{1}{(1-\beta)N}\cdot\sum\limits_{j=1}^{N}\left[D_{k+1}(x,\ \xi^j) - \sum\limits_{s=1}^{n}\lambda_s\psi_s(\xi^j) - \eta\right]+\right\} \\ \text{s.t.}\ \ Ax \leqslant b \\ \lambda_s \geqslant 0,\ s = m+1,\ m+2,\ \cdots,\ n\end{cases} \tag{6-21}$$

6.1.3.2 算法流程

根据以上分析及推论，给出以下基于随机对偶动态规划算法流程用于求解模型式（6-19）。需要注意的是，随机对偶动态规划法在进行迭代求解过程中，每次向前、向后迭代结束时，式（6-22）和式（6-23）的值会作为新的上下界值用于算法的更新迭代。

(1) 初始化：设置（x^0，λ^0，η^0）为满足条件的初始值，上界 $\overline{Q}=\infty$，下界 $\underline{Q}=0$，令迭代次数 $k=0$，定义置信度 β 和收敛常数 ε。

（2）向前迭代：求解式（6-21）得到（$\overline{x}^k$，$\overline{\lambda}^k$，$\overline{\eta}^k$），

$$\overline{Q} \leftarrow \boldsymbol{c}^{\mathrm{T}}\boldsymbol{x}^k + \sum_{s=1}^{n}\lambda_s^k\mu_s + \left\{\eta^k + \frac{1}{(1-\beta)N}\cdot\sum_{j=1}^{N}\left[D_{k+1}(x^k,\ \xi^j) - \sum_{s=1}^{n}\lambda_s^k\psi_s(\xi^j) - \eta^k\right]_+\right\} \tag{6-22}$$

作为新的上界值，并用于迭代及收敛判断。

（3）向后迭代：

1）求解式（6-14）得到 $Q(\overline{x}^k,\ \xi^j)$，并根据式（6-20）线性化近似表达，以 $D_{k+1}(x,\ \xi^j)$ 作为 $Q(x,\ \xi^j)$ 的近似值。

2）求解式（6-21）得到（x^{k+1}，λ^{k+1}，η^{k+1}），并以

$$\underline{Q} \leftarrow \boldsymbol{c}^{\mathrm{T}}\boldsymbol{x}^{k+1} + \sum_{s=1}^{n}\lambda_s^{k+1}\mu_s +$$

$$\left\{\eta^{k+1} + \frac{1}{(1-\beta)N}\sum_{j=1}^{N}\left[D_{k+1}(x^{k+1},\ \xi^j) - \sum_{s=1}^{n}\lambda_s^{k+1}\psi_s(\xi^j) - \eta^{k+1}\right]_+\right\} \tag{6-23}$$

作为新的下界值，并用于迭代及收敛判断。

（4）判断是否满足收敛判据：若$\frac{\overline{Q}-\underline{Q}}{\overline{Q}} \leqslant \varepsilon$，算法收敛，则输出原问题最优解，停止迭代。否则返回步骤（2）。

6.2 计及灵活性约束的经济调度策略

调度运行中对灵活性考虑主要为了在制定调度策略的过程中，基于系统当前的运行状态和灵活调节能力，合理调用各类灵活调节资源，满足系统响应各种不确定性因素带来的灵活调节需求。系统各种不确定性因素带来的灵活调节需求，既需要系统在容量上具有一定的调节裕度，又需要系统在调节速度上能够跟上不确定性因素造成的各种变化。而传统的调度模型主要基于系统的安全性、可靠性约束，以经济性最优化为目标进行求解。随着风电、光伏等大量间歇式电源的引入，系统的调度策略必须保证系统运行具有一定的灵活性，满足这部分随机源的灵活调节需求。另外主动配电网中电池储能设施，可控负荷等多元化的灵活条件措施也必须作为新的调度对象纳入电网调度策略的制定过程中。

6.2.1 灵活性需求二维特性

以风光为代表的可再生能源进入大规模并网发电阶段，会导致电力系统中不确定性增加。2015 年欧洲电网经受了一次日食带考验，德国光伏出力大规模波动，光伏最大爬坡功率为-138MW/min，调度机构在 15min 内投入约 2.4GW 备用[9]。类似陡坡事件的发生表明电网具有灵活性需求且该需求具有二维特性。

灵活性需求定义为，在 Δt 调度时间窗口内为保证电网实时平衡引起机组爬坡的需求。灵活性需求主要是由净负荷波动以及预测误差造成的，假设在短调度时间窗口内功率波动过程为线性变化，以 t 时刻电网的向上灵活性需求为例，即净负荷功率持续增加，具体描述如下。

（1）灵活性时间需求，即净负荷预测功率向上增加的持续时间，表示如下：

$$T_{\mathrm{OFD}} = \Delta t \tag{6-24}$$

式中，Δt 为调度时间窗口长度，可为5min、15min。

（2）灵活性功率需求（Power of Flexibility Demand），即在调度时间窗口内，净负荷功率最大波动量，表示如下：

$$P_{\mathrm{OFD}} = P_{\mathrm{net}}^{(t+\Delta t)} - P_{\mathrm{net}}^{(t)} \tag{6-25}$$

式中，P_{OFD} 为在调度时间窗内净负荷预测功率波动量。

电网灵活性需求的二维特性能够较全面地表征净负荷的波动情况。不同时刻电网具有的时间需求以及功率需求存在差异，即所谓的灵活性需求具有多样性。此时为满足电网的电力电量平衡约束，需要灵活性电源提供的爬坡率以及爬坡能力不同，两者间的关系如下[10]。

$$RC = \int RR\mathrm{d}t \tag{6-26}$$

式中，RR 为爬坡率，MW/min；RC 为爬坡能力，MW。

高比例可再生能源的接入对电网提出多样的灵活性需求，研究不同调度时间窗口下电网的灵活性需求，制定相应的调度计划，是解决可再生能源并网问题的关键手段。

6.2.2 调度计划的灵活性

高比例可再生能源接入后，为应对净负荷的不确定性，现有研究大多针对电网不平衡量对调度计划进行修正。例如6.1节中针对可再生能源出力预测偏差严重的情况，提出电力系统分布鲁棒经济调度理论与实例。也有研究在预测误差与时间尺度关系的基础上，考虑日前调度计划的预测误差对微电网进行实时调度，校正日前调度计划中的不平衡功率。调度计划具备一定的灵活性能够较好地应对电网中不平衡量，图6-1所示为调度计划灵活性机理。

图6-1中两坐标轴为机组的功率，$P_{\mathrm{G1,min}}$、$P_{\mathrm{G1,max}}$、$P_{\mathrm{G2,min}}$、$P_{\mathrm{G2,max}}$ 为机组边界，所围成的矩形区域 H 即为机组输出功率可行域，两机组在 Δt 时间内的爬坡功率构成的阴影矩形记为 S。图中 P_{L}'、P_{L}'' 分别为不同时刻的负荷功率，L' 为 t 时刻负荷功率对应的调度方案集：

$$L' = \left\{ \left(P_{\mathrm{G1}}^{(t)},\ P_{\mathrm{G2}}^{(t)} \right) \middle| P_{\mathrm{G1}}^{(t)} + P_{\mathrm{G2}}^{(t)} = P_{L}^{(t)} \right\} \tag{6-27}$$

式中，$P_{\mathrm{G1}}^{(t)}$、$P_{\mathrm{G2}}^{(t)}$ 为 t 时刻机组输出功率；$P_{L}^{(t)}$ 为负荷功率。

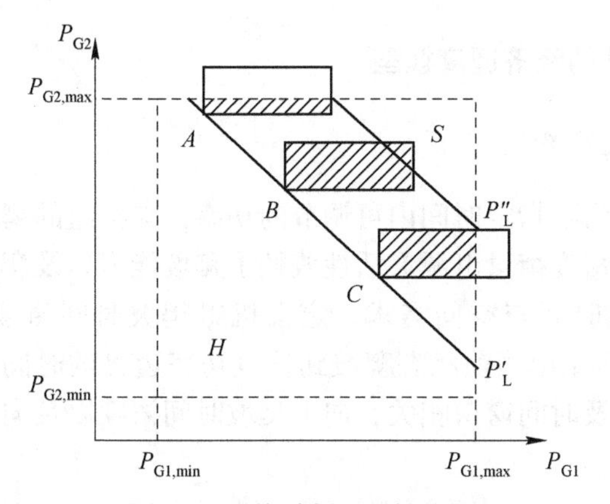

图 6-1 调度计划灵活性机理

同理，L''为 $t+\Delta t$ 时刻负荷功率对应的调度方案集：

$$L'' = \left\{ \left(P_{G1}^{(t+\Delta t)},\ P_{G2}^{(t+\Delta t)} \right) \middle| P_{G1}^{(t+\Delta t)} + P_{G2}^{(t+\Delta t)} = P_L^{(t+\Delta t)} \right\} \tag{6-28}$$

考虑两时刻爬坡耦合，则 t 时刻的调度方案集 M 为：

$$M = \left\{ \left(P_{G1}^{(t)},\ P_{G2}^{(t)} \right) \middle| P_{G1}^{(t)} + R_1^{u}\Delta t + P_{G2}^{(t)} + R_2^{u}\Delta t \geqslant P_L^{(t+\Delta t)} \right\} \tag{6-29}$$

式中，$R_1^{u}\Delta t$、$R_2^{u}\Delta t$ 为爬坡能力，爬坡率以 $R_1^{u}>R_2^{u}$ 为例。在 $t+\Delta t$ 时刻的负荷水平约束下，t 时刻调度方案具有明显的边界性，最大化 $P_{G2}^{(t)}$ 的调度方案 A 为：

$$\begin{aligned} P_{G2}^{(t)} &= P_{G2,\ max} - \Delta P_L - R_1^{u}\Delta t \\ P_{G1}^{(t)} &= P_L^{(t)} - P_{G2}^{(t)} \end{aligned} \tag{6-30}$$

式中，ΔP_L 为在 Δt 为时间尺度内负荷功率波动量。

同理，最大化 $P_{G1}^{(t)}$ 时的调度方案 C 为：

$$\begin{aligned} P_{G1}^{(t)} &= P_{G1,\ max} - \Delta P_L - R_2^{u}\Delta t \\ P_{G2}^{(t)} &= P_L^{(t)} - P_{G1}^{(t)} \end{aligned} \tag{6-31}$$

仅处于 A、C 之间的调度方案才能满足 $t+\Delta t$ 时刻的功率平衡，但各调度方案的经济性及 Δt 时间窗内所提供的爬坡率不同，各调度方案下机组所能提供的爬坡能力计算如下：

$$\min(R_1^{u}\Delta t,\ \Delta P_{G1}^{(t)}) + \min(R_2^{u}\Delta t,\ \Delta P_{G2}^{(t)}) = L(S)/2 \tag{6-32}$$

式中，$\Delta P_{G1}^{(t)}$、$\Delta P_{G2}^{(t)}$ 为机组容量裕度，与机组状态及容量边界有关；$L(S)$ 为阴影区域周长。

综上所述，调度方案所提供的爬坡能力以及经济性存在差异，考虑下一时刻功率平衡约束，选择经济性较好的方案对电网经济运行具有重要意义。这就需要对调度方案进行评价，形成具有“卡尺”功能的灵活性评价图，并根据该图直观了解不同调度方案所提供的灵活性指标。例如当调度时间窗口为 15min 时的灵活性需求确定后，根据调度计划灵活性评价图选择相应的经济调度方案。

6.2.3 考虑均匀性的经济调度模型

6.2.3.1 调度策略

机组爬坡能力为在指定时间内可调节的功率，与机组的爬坡率以及时间窗口有关。以爬坡时间裕度衡量电源灵活性兼顾了爬坡能力以及爬坡率两方面，即与之对应的为灵活性时间与空间需求。定义机组爬坡时间裕度（Margin of Ramp Time，MORT）为机组由当前状态爬坡到发电功率边界的时间，与机组状态、机组容量、爬坡率以及时间窗口相关，向上爬坡时间裕度以及向下爬坡时间裕度的计算方法如下：

$$\begin{cases} T_{\mathrm{mort}}^{\mathrm{up}} = \dfrac{P_{\mathrm{G,\,max}} - P_{\mathrm{G},\,t}}{R_{\mathrm{G}}^{\mathrm{up}}} \\ T_{\mathrm{mort}}^{\mathrm{down}} = \dfrac{P_{\mathrm{G},\,t} - P_{\mathrm{G,\,min}}}{R_{\mathrm{G}}^{\mathrm{down}}} \end{cases} \tag{6-33}$$

式中，$T_{\mathrm{mort}}^{\mathrm{up}}$ 与 $T_{\mathrm{mort}}^{\mathrm{down}}$ 分别为机组向上爬坡时间裕度以及向下爬坡时间裕度；$P_{\mathrm{G,max}}$ 与 $P_{\mathrm{G,min}}$ 分别为机组输出功率上界和下界；$P_{\mathrm{G},t}$ 为机组 t 时刻的输出功率；$R_{\mathrm{G}}^{\mathrm{up}}$、$R_{\mathrm{G}}^{\mathrm{down}}$ 分别为机组向上、向下爬坡率。

传统单目标经济调度中机组运行在安全边界附近，机组出力的不均匀影响其爬坡能力的不均匀，不利于发电机在短时间内应对电网灵活性需求。考虑机组MORT的均匀性，提前预留给机组爬坡时间裕度，对于电网应对日前调度计划的误差以及净负荷的波动具有积极作用。

6.2.3.2 调度模型

在分析灵活性需求二维特性的基础上，本节提出预留爬坡时间的调度策略，并利用标准差刻画机组 MORT 指标的均匀性，建立电力系统均匀调度模型[11]。以机组向上爬坡为例。

（1）目标函数：

$$f_1 = \sum_{k=1}^{N} aP_{\mathrm{G}k}^2 + bP_{\mathrm{G}k} + c \tag{6-34}$$

$$f_2 = \sqrt{\frac{\sum_{k=1}^{N} (T_{\mathrm{mort}}^{\mathrm{up}} - T_{\mathrm{mort,\,av}}^{\mathrm{up}})^2}{N-1}} \tag{6-35}$$

式中，$P_{\mathrm{G}k}$ 为第 k 台机组的出力；N 为机组的台数；$T_{\mathrm{mort,av}}^{\mathrm{up}}$ 为所有灵活性机组爬坡时间的平均值。

式（6-34）为机组的发电成本，式（6-35）为机组爬坡时间裕度的标准差。

由于f_1和f_2量纲不一致，故先采用极差变换法对目标函数做归一化处理，如式（6-36）和式（6-37）所示，然后线性加权转化为单目标优化问题，最终的目标函数如式（6-38）所示。

$$f_1^* = \frac{f_1 - f_{1,\min}}{f_{1,\max} - f_{1,\min}} \tag{6-36}$$

$$f_2^* = \frac{f_2 - f_{2,\min}}{f_{2,\max} - f_{2,\min}} \tag{6-37}$$

$$\min F = w \cdot f_1^* + v \cdot f_2^* \tag{6-38}$$

式中，w和v分别为两目标函数的权重，当$w=0$，$v=1$时，机组爬坡时间裕度指标均匀性最优；$w=1$，$v=0$时具有最小的发电成本。

（2）约束条件：

$$P_{Gk} - P_{Lk} - P_{Wk} - B_{kj}\theta_{kj} = 0 \tag{6-39}$$

$$T_{\mathrm{mort},k}^{\mathrm{up}} \cdot R_{Gk}^{\mathrm{u}} - (P_{Gk,\max} - P_{Gk}) = 0 \tag{6-40}$$

$$T_{\mathrm{mort,min}}^{\mathrm{up}} \leqslant T_{\mathrm{mort},k}^{\mathrm{up}} \leqslant T_{\mathrm{mort,max}}^{\mathrm{up}} \tag{6-41}$$

$$P_l \leqslant P_l^{\max} \tag{6-42}$$

$$\theta_k^{\min} \leqslant \theta_k \leqslant \theta_k^{\max} \tag{6-43}$$

$$P_{Gk,\min} \leqslant P_{Gk} \leqslant P_{Gk,\max} \tag{6-44}$$

$$P_{Wk}^{\min} \leqslant P_{Wk} \leqslant P_{Wk}^{\max} \tag{6-45}$$

$$\sum_{k=1}^{N} R_{Gk}^{\mathrm{u}} \cdot T_{\mathrm{mort},k}^{\mathrm{up}} \geqslant \Delta P \tag{6-46}$$

式中，P_{Wk}为第k个节点风电场出力；P_{Lk}为第k个节点负荷；B_{kj}、θ_{kj}分别为节点k和j之间的电纳和相角差；R_{Gk}^{u}为第k个母线上机组向上爬坡率；$T_{\mathrm{mort,min}}^{\mathrm{up}}$、$T_{\mathrm{mort,max}}^{\mathrm{up}}$分别为约束的下界与上界；$P_l$和$P_l^{\max}$分别为线路潮流以及限值；$\theta_k$为第$k$个节点相角；$\theta_k^{\min}$、$\theta_k^{\max}$分别为第$k$个节点相角最小值与最大值；$P_{Gk,\min}$、$P_{Gk,\max}$分别为第$k$台机组的出力最小值与最大值；$\Delta P$为净负荷功率波动量。

式（6-39）为功率平衡方程；式（6-40）为爬坡时间约束；式（6-41）为机组爬坡时间裕度约束；式（6-42）为线路潮流约束；式（6-43）为母线相角约束；式（6-44）为灵活性机组出力约束；式（6-45）为风电场功率约束；式（6-46）为爬坡容量约束。

6.2.4 灵活性后评价模型

考虑灵活性资源的特点，提出以电网可承受风电出力最大变化量为目标的电力系统灵活性评价模型[12]，模型的目标函数如下：

$$\max \sum_{i=1}^{N_{\mathrm{w}}} \Delta P_{\mathrm{w}i} \tag{6-47}$$

式中，ΔP_{wi} 为风电场 i 出力波动量；N_w 为风电场数量。

本节采用该模型评估在不同调度方案下电网的灵活性指标，最终形成具有“卡尺”功能的灵活性评价图，能够判断各种调度方案在不同时间尺度内电网所具有的灵活性，以期面对多样的灵活性需求选取合理的调度方案。

灵活性不足概率是指机组在运行时，净负荷向上波动常规机组上调备用不能满足需求的概率。

$$P = Pr\{\Delta P_G^{up} < P_{net,t+\Delta t} - P_{net,t}\} \tag{6-48}$$

式中，ΔP_G^{up} 为 Δt 时段内机组所具有的旋转备用容量；$P_{net,t+\Delta t}$ 与 $P_{net,t}$ 为两时刻的净负荷值。

本节综合考虑灵活性需求的概率特性以及灵活性供给的关系，计算灵活性不足概率。

研究表明风电功率预测误差服从正态分布[13]，故灵活性容量需求亦服从正态分布。假设 t 时刻的向上灵活性容量需求 $\mathrm{POFD}^{(t)} \sim N(\mu^{(t)}, \sigma^{(t)})$，概率密度函数如式（6-49）所示。

$$f(x) = \frac{1}{\sqrt{2\pi\sigma}}\exp\left[-\frac{(x-\mu)^2}{2\sigma^2}\right] \tag{6-49}$$

图 6-2 所示为其机理以及灵活性不足概率的计算方法。

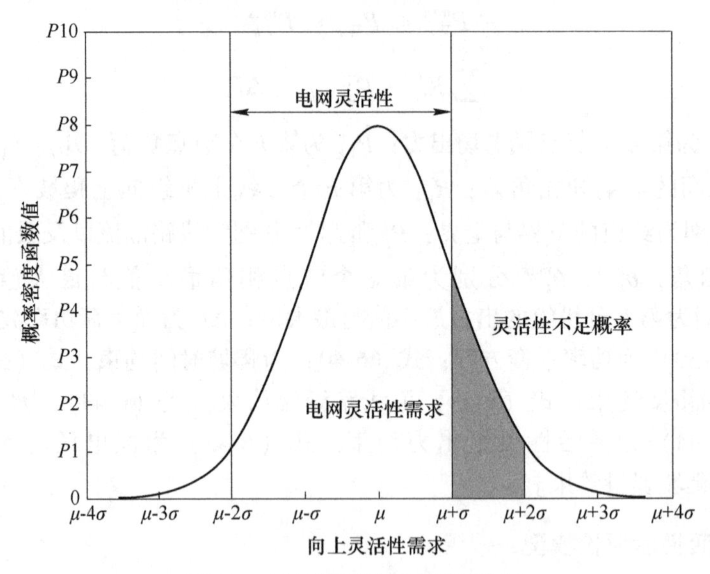

图 6-2 灵活性不足概率计算方法

图 6-2 中电网的向上灵活性需求为［$\mu-2\sigma$，$\mu+2\sigma$］，t+1 时刻的向上灵活性功率需求必定大于 0 且小于 t 时刻风电实际输出功率，则电网灵活性不足概率为对灵活性需求概率密度函数在灵活性供给量与风电输出功率间的积分，计算

如下：

$$\mathrm{FDP} = \int_{c}^{d} \frac{1}{\sqrt{2\pi\sigma}} \exp\left[-\frac{(x-\mu)^2}{2\sigma^2}\right] \mathrm{d}x \tag{6-50}$$

式中，FDP 为灵活性不足概率；c 为电网灵活性供给量；d 为 t 时刻风电实际出力。

当灵活性供给量大于 t 时刻风电出力时，灵活性供给不足概率为 0。可通过设定灵活性不足概率，灵活选择最合理的调度方案。

6.3 灵活性资源优化调度

灵活性资源优化是从传统优化问题上继承发展而来的。传统的资源优化中，通常以水火电机组或它们的组合方式为对象，以经济性成本最优为目标，进行各机组的出力分配优化计算，传统优化方法间的主要区别在于考虑的约束条件或场景不同，如，考虑环境因素的优化计算、计及备用容量约束的优化计算等；此外，传统优化中也会考虑水火电机组和大规模可再生能源的联合调度问题。而如今的灵活性资源优化方法保留了传统优化问题的基础，加入了与灵活性相关性较大的约束条件和场景，使其与灵活性问题更加地切合。

灵活性资源优化问题中，最重要的是资源的特性问题，其次才是优化问题。资源的特性一方面指的是响应的能力，包括响应时间、容量等方面，对于不同的灵活性需求，即使是同一种灵活性资源的外特性的差异较大；另一方面则是响应的成本问题，只有解决了这些问题，灵活性资源才能被很好地优化。

本节所研究的灵活性资源优化的对象是短期灵活性资源，优化的目的是在系统发出灵活性需求时，经济地分配各短期灵活性资源的出力。不同的灵活性需求下，灵活性资源优化的对象不同。而这些优化对象，是可以事先对不同的灵活性需求场景进行假设分析，从而确定各特定的场景下有哪些短期灵活性资源可以被调用，并形成对应的资源调用集合，以便在实际的优化问题中，缩短资源的筛选时间，也可以更好地适应灵活性需求时间较短的特点。

输电系统中，可调用的灵活性资源有快速调节能力较强的传统能源、可控性较强的可再生能源和区域电网，配电系统中则有负荷响应，以及既可存在于输电系统又可以存在于配电系统的储能装置，此外电力市场也能对系统灵活进行调节。接下来，选取除电力市场外的前五类灵活性资源作为研究对象开展调度优化。

6.3.1 灵活性资源调用成本

在讨论电力系统灵活性资源的调用成本之前，需要说明三个问题及相应的假设：首先，实际中的电力系统的灵活性资源十分丰富，但是各类灵活性资源不一定能存在于同一个灵活性资源集合中，假设五类灵活性资源均存在于同一个电力系统中，且均具备响应某一时间尺度下的灵活性需求的能力；其次，灵活性方向仅是表征了灵活性需求的特点之一，对灵活性资源的调用成本并没有实质性的影响，故同样考虑一个方向上的灵活性资源调用，其他方向可以采用相同的方法求解；最后，各类资源响应灵活性需求时，只要该需求被及时而成功地响应，则所有资源组合方式产生的经济效益一致，不同的只是响应成本，且由于系统灵活性需求容量通常较小，响应成本中可不计算系统网损。

6.3.1.1 传统能源

以下以火电机组为代表，说明快速调节能力较强的传统能源的特性。火电机组出力受到爬坡速率的影响，在确定的时间尺度下，其出力不一定能达到最大值，同时，受到经济性的影响，其出力也不一定需要达到最大值。火电机组响应灵活性需求的过程分为两个阶段，分别是响应阶段和运行阶段，其中，响应阶段是指出力调整变化的阶段，直至出力达到稳定状态；运行阶段则是指出力稳定后直至灵活性需求结束。响应阶段和运行阶段的总时间与灵活性需求的时间尺度保持一致，故火电机组的响应成本可以依据不同的阶段分为响应成本和运行成本两部分，它们的综合也就是火电机组响应灵活性需求的总成本。

A 响应成本

假设灵活性需求的时间尺度为灵活性 t_r，具备快速调节能力的火电机组的额定爬坡速率为 r_{rated}。系统发出灵活性需求时，若机组在额定爬坡速率下调整出力，则可能无法在时间尺度内将机组调整到合适的出力水平，此时，要求机组出力迅速增加，尽早达到期望的出力水平并保持该出力，因此，在响应过程中，机组快速调整的成本是增加的，且应与爬坡速率成正比关系。

图 6-3 所示为机组快速响应灵活性需求的示意图，阴影部分面积表示火电机组调整出力时多做的功，记为 ΔW，功与单位成本相乘即为可得到机组的快速响应成本 C_f，需要说明的是，这里的单位成本不仅仅是电价的折算，还应包括协议的单位补偿成本，只是补偿成本较小，通常可以忽略不计。

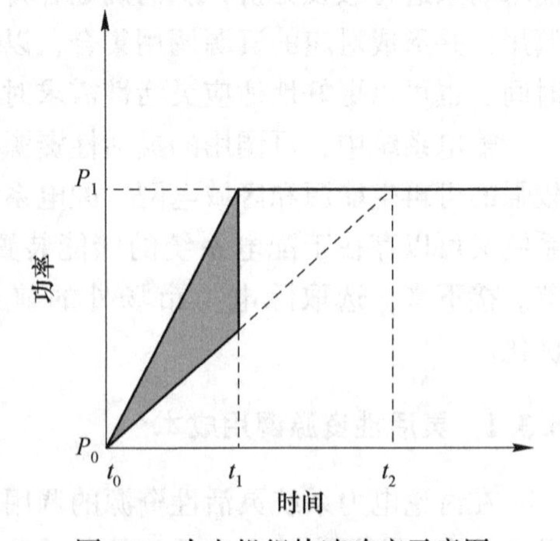

图 6-3 火电机组快速响应示意图

假设机组的适合的爬坡速率为 r_1，灵活性需求下期望的爬坡速率为 r_2，机组的出力从当前值 P_0 增加 ΔP_G 达到 P_1，且在最大和最小爬坡速率下，出力调整对应的调整时间分别为 t_1，t_2，则可以得到

$$C_f = \Delta W e_1 = \frac{\Delta P_G}{r_2}\left(\Delta P_G - \frac{\Delta P_G}{r_2}r_1\right)e_1 = \frac{\Delta P_G^2(r_2 - r_1)e_1}{r_1^2} \tag{6-51}$$

式中，e_1 表示单位电量的成本系数折算值。

B 运行成本

火电机组稳定出力时所产生的运行成本是灵活性需求响应成本的重要部分，也是所占比重较大的一部分，通常以机组有功出力二次曲线表示，即运行成本 C_o 可以表示为

$$C_o = (aP_1^2 + bP_1 + c)(t_r - \Delta t) = [(aP_0 + \Delta P_G)2 + b(P_0 + \Delta P_G) + c]\left(t_r - \frac{\Delta P_G}{r_2}\right) \tag{6-52}$$

式中，$\Delta t = t_1 - t_0$，表示响应阶段的总时间。

综上所述，火电机组在灵活性需求下的总调用成本可以表示为 $C_t = C_f + C_o$。

由于受到灵活性时间尺度以及实际运行中参数限制的影响，机组的爬坡速率和机组出力的变化值会受到限制，因此，火电机组响应灵活性需求时的约束条件可以表示为

$$r_{min} \leqslant r_1,\ r_2 \leqslant r_{max} \tag{6-53}$$

$$0 \leqslant \Delta P_G \leqslant \min[P_{Gmax} - P_0,\ r_{max}\Delta t] \tag{6-54}$$

式（6-53）表示机组爬坡速率限制；式（6-54）表示机组出力变化约束，P_{Gmax} 表示机组的最大出力限制。

6.3.1.2 风电场群

以下以风电为代表，说明可控性较强的可再生能源的特性。风电机组通常是不确定性因素的制造者，但由于地理环境和风力资源本身的特性，风电场之间的出力可以得到一个互补，从而减小了风电对电力系统的冲击，因此，灵活性需求下的风电响应成本研究应以风电场群为对象。

风电场群的出力调整较快，可以在数秒内完成，故与传统能源相比，其整个灵活性需求的响应过程只需要考虑运行成本，响应成本则可计入在运行成本中的惩罚成本项中。

对于电力系统而言，风电场群的运行成本可以分为两个部分，一部分是维持风电场群出力的支付成本，记为 $C_{w,d}$；另一部分则为调用风电场群的惩罚成本，这是因为风电场群并网容量的改变，会对电网运行方式、可靠性、安全性和备用容量等方面带来影响[14]。对于不同时间尺度下的灵活性需求，风电场群单位容量的支付成本变化不大，但惩罚成本则会有显著不同。

风电场群在灵活性需求下的资源调用成本可以表示为

$$C_{w} = C_{w,p} + C_{w,d} = \Delta P_{w} e_{2} t_{r} + C_{w,d} \tag{6-55}$$

式中，ΔP_{w} 为风电场群的出力变化值；e_{2} 为风电场群单位电量的支付成本系数折算值。

与传统能源类似，风电场群无法无限制地调整其出力值，出力变化限制的大小由两个方面的因素决定。第一个影响因素是风速，可以利用相邻时段风速变化较小[15] 以及风电出力预测的误差满足 t 分布[16] 两个特点，求得保守估计下的风电场群的最大出力变化，记为 $\Delta P_{w,1}$；第二个影响因素是国家标准对风电场群的最大出力变化的要求，记为 $\Delta P_{w,2}$。则风电场群的出力变化限制可以表示为

$$0 \leqslant \Delta P_{w} \leqslant \min[\Delta P_{w,1}, \Delta P_{w,2}] \tag{6-56}$$

6.3.1.3 区域互联

对于各个区域电力系统而言，当它们之间通过联络线互联时，可以不必关心与本区域互联的联络区域内部发电资源情况，只要互联的电力系统有能力，即可迅速响应本区域的灵活性需求。此外，由于电能传输速度较快，故联络区域的响应灵活性需求的速度很快，调用成本方面可以忽略不计，仅考虑运行成本即可。

区域电力系统在灵活性需求下的调用成本 C_{h} 可表示为

$$C_{h} = \Delta P_{h} e_{3} t_{r} \tag{6-57}$$

式中，ΔP_{h} 为区域电力系统之间交换的功率；e_{3} 为区域电力系统间交换的单位电量的支付成本系数折算值。

类似地，区域电力系统间所交换的功率限制也会受到现实中的各种因素的影响，其中，最主要的影响有两个方面，一方面是联络线传输能力，另一方面是联络区域的可供功率。则区域电力系统的出力约束可以表示为

$$0 \leqslant \Delta P_{h} \leqslant \min[\Delta P_{ex,max}, P_{line,max} - P_{line,0}] \tag{6-58}$$

式中，$\Delta P_{ex,max}$ 为区域电力系统间的交换功率最大值，该值与互联区域的运行状态相关；$P_{line,max}$ 为区域电力系统间的联络线上的最大传输功率限制；$P_{line,0}$ 为系统发出灵活性需求时，该联络线上的传输功率，该值与两个区域现在的运行状态均相关。

6.3.1.4 可中断负荷

可中断负荷是电力系统从需求侧改善电力系统运行情况的重要手段，通常而言，可中断负荷是电力系统管理部门根据用户意愿，与用户签订协议，在电力系统需要时可减少或终止该用户的供电，同时给予其一定的补贴。因此，灵活性需求下的可中断负荷调用成本应根据协议制定，一般而言，协议中的补贴分为容量费用和能量费用[17,18]，前者可对应响应成本，记为 $C_{IL,c}$，是调用时根据调用容

量一次性给予的补贴，后者则为实际支付的成本，记为 $C_{IL,o}$。

因此，可中断负荷在灵活性需求下的调用成本 C_{IL} 可表示为：

$$C_{IL} = C_{IL,c} + C_{IL,o} = \Delta P_{IL} e_{IL,c} + \Delta P_{IL} * e_4 * t_r \tag{6-59}$$

式中，ΔP_{IL} 为可中断负荷的响应容量，需要注意的是灵活性方向与 ΔP_{IL} 的符号问题，在这里，默认 ΔP_{IL} 为正；$e_{IL,c}$ 为单位容量的支付成本系数折算值；e_4 为可中断负荷的单位电量的支付成本系数折算值。

灵活性需求下的可中断负荷的响应容量会受到协议的限制，实际中的响应容量不能大于协议中的最大响应容量，同时，响应容量也不应大于可中断负荷目前的负荷值，故有

$$0 \leqslant \Delta P_{IL} \leqslant \min[\Delta P_{IL,max}, P_{IL,0}] \tag{6-60}$$

式中，$\Delta P_{IL,max}$ 为协议中的最大响应容量，符号与 ΔP_{IL} 一致；$P_{IL,0}$ 为可中断负荷目前的负荷值。

6.3.1.5 储能系统

储能系统既包括常规的储能电站，如电池储能站、CAES 电站等，又包括具备储能能力的新型资源，如电动汽车和充放电站等[19]。储能的投资成本十分昂贵，例如，常用的钠硫电池成本约为 3000~3500 元/千瓦时，循环寿命为 4500 次，平均每千瓦时容量的单次循环成本约为 0.7 元[20]。储能系统运行时的盈利模式通常为高发低储，即储能系统在电价较高的时段放电，在电价较低的时段充电。实际的运行中，储能系统全寿命周期中的单位容量盈利并不足以弥补单位容量的投资，故通常需要采用补偿机制以提高投资方的利润率，从而提高储能系统在电力系统的比重。

由于电力系统灵活性需求的随机性和不确定性，储能系统在响应灵活性需求时无法正常地高发低储套利，电力系统调用储能资源时，除了支付储能系统运行时的能量费用 $C_{s,o}$，还应支付利润损失以及运行补贴费用 $C_{s,p}$，相较而言，$C_{s,p}$ 在储能系统调用成本中占据更大的比重。

储能系统在灵活性需求下的调用成本可以表示为：

$$C_s = C_{s,p} + C_{s,o} = C_{s,p} + \Delta P_s * e_5 * t_r \tag{6-61}$$

式中，ΔP_s 为储能系统的响应容量；e_5 为储能系统的单位电量的支付成本系数折算值。

储能系统的响应容量和最大输出功率限制以及当前已存储的能量和需求的输出功率大小相关，响应的容量大小限制可以表示为：

$$0 \leqslant P_s \leqslant P_{s,max} \tag{6-62}$$

$$P_s \cdot t_r \leqslant W_{s.0} \tag{6-63}$$

式中，P_s 为储能系统的响应容量，即灵活性需求下储能系统的稳定出力值；

$P_{s,\max}$ 为储能系统设计的最大输出功率；$W_{s.0}$ 为电力系统发出灵活性需求时，储能系统所存储的总能量。

6.3.2 灵活性资源优化模型

灵活性资源优化需要在满足灵活性需求的前提下，最优分配各可调用资源的出力，使系统满足灵活性需求时的成本最小。因此，利用各灵活性资源的调用成本，并考虑到灵活性需求的满足条件，即功率平衡约束，可建立灵活性资源优化模型[21]：

$$\min f = \sum_{i=1}^{N_g} C_{t,i} + \sum_{j=1}^{N_w} C_{w,j} + \sum_{k=1}^{N_h} C_{h,k} + \sum_{l=1}^{N_{IL}} C_{IL,l} + \sum_{m=1}^{N_s} C_{s,i}$$

$$\text{s.t.} \begin{cases} \sum_{i=1}^{N_g} \Delta P_{G,i} + \sum_{j=1}^{N_w} \Delta P_{w,j} + \sum_{k=1}^{N_h} \Delta P_{h,k} + \sum_{l=1}^{N_{IL}} \Delta P_{IL,l} + \sum_{m=1}^{N_s} \Delta P_{s,i} = \Delta P \\ r_{\min,i} \leqslant r_{1,i},\ r_{2,i} \leqslant r_{\max,i} \\ 0 \leqslant \Delta P_{G,i} \leqslant \min[P_{G\max,i} - P_{0,i},\ r_{\max,i} \cdot \Delta t] \\ 0 \leqslant \Delta P_{w,j} \leqslant \min[\Delta P_{w,1,j},\ \Delta P_{w,2,j}] \\ 0 \leqslant \Delta P_{h,k} \leqslant \min[\Delta P_{ex,\max,k},\ P_{line,\max,k} - P_{line,0,k}] \\ 0 \leqslant \Delta P_{IL,l} \leqslant \min[\Delta P_{IL,\max,l},\ P_{IL,0,l}] \\ 0 \leqslant P_{s,m} \leqslant P_{s,\max,m} \\ P_{s,m} \cdot t_r \leqslant W_{s,0,m} \end{cases} \tag{6-64}$$

式中，N_g，N_w，N_h，N_{IL}，N_s 分别为快速调节能力较强的传统能源、可控性较强的可再生能源、区域电力系统、负荷响应、储能系统的资源个数；各参数中的下标 i，j，k，l，n 分别表示各类灵活性资源内部相应的参数取值。

需要说明的是，上述模型不计及网络损失，且由于灵活性需求容量通常较小，资源调用时对系统运行的安全性和可靠性影响较小。同时，由于灵活性需求的时间尺度较小，系统内在的容忍度允许部分线路潮流或节点电压短时间地越限运行，故未将潮流约束、电压约束等传统约束条件考虑在内。此外，灵活性资源优化有效时间仅为灵活性需求的持续时间，之后的各资源出力分配仍应由传统优化来解决，从而调整运行参数，使系统的安全性、可靠性、经济性综合趋优。

6.4 考虑灵活性的多目标优化运行

电力系统灵活性优化运行问题是在安全性和可靠性的前提下，对系统的灵活性能力进行优化，使得系统在保证一定经济性的前提下，达到最佳的灵活性能力。由第2章分析可以知道，在经济性或灵活性达到较高程度时，灵活性和经济性会出现背离，即经济性和灵活性不能同时达到最优。因此，电力系统灵活性优化运行中，必须考虑到经济性的运行和约束情况，以使得灵活性和经济性综合趋优。本节与6.3节灵活性资源优化调度的主要区别在于，前者是为使电力系统满足灵活性能力的要求而进行的主动调整，而后者则在于满足正常运行过程中突发的短时灵活性需求。因此，相较于灵活性资源优化调度而言，灵活性优化运行要求的灵活性资源必须具备较好的调整能力以及较高的经济性，且对灵活性时间尺度的要求相对较低。

6.4.1 优化运行模型建立

灵活性优化运行旨在兼顾电力系统灵活性和经济性两个方面，优化系统的部分灵活性资源，以使得电力系统灵活性和经济性综合趋优。由于灵活性优化运行是主动调整，故调整的对象为经济状况和运行状况较佳的火电机组和水电机组，而前文中所述的区域互联、可中断负荷等手段则因其经济性和容量较小的原因作为备用，这类灵活性资源通常情况下不参与灵活性优化运行中的资源出力调整。

在某一确定的时间尺度下，系统中火电机组出力的经济性可以用各机组有功出力的二次函数曲线之和表示，即

$$f_1 = \sum_{i=1}^{N_G} a_i P_{Gi}^2 + b_i P_{Gi} + c_i \tag{6-65}$$

式中，P_{Gi} 为发电机 i 的有功出力；a_i、b_i、c_i 为发电机组 i 的发电成本系数，$a_i P_{Gi}^2 + b_i P_{Gi}^2$ 的含义是发电机 i 的可变成本，主要为燃料成本，该成本随着发电机 i 的有功出力而变化，c_i 为各机组的固定成本；N_G 为系统中可供优化运行所调度的火电机组总数。

在确定的时间尺度下，系统的某一运行状态下的灵活性评价是确定的，则灵活性情况可用第4章的灵活性指标来表示：

$$f_2 = \sqrt{O_+^2 + O_-^2} \tag{6-66}$$

式中，O_+和 O_-分别为系统当前运行状态下的上调/下调灵活性不足指标。

灵活性优化运行中，要求系统的经济性最佳，即发电成本最小，同时也要求灵活性最佳，即灵活性不足指标最小，则灵活性优化运行模型的目标函数可写为多目标函数，即

$$\text{Obj}\begin{cases} \min f_1 = \sum_{i=1}^{N_G} a_i P_{Gi}^2 + b_i P_{Gi} + c_i \\ \min f_2 = \sqrt{O_+^2 + O_-^2} \end{cases} \tag{6-67}$$

灵活性优化运行模型是一个多目标函数，其约束条件需要满足两个目标的约束。实际上，经济性和灵活性的优化均是通过调整机组的出力实现的，故约束条件也主要考虑在机组出力上，其他约束条件与传统优化问题中的约束条件一致。如此，灵活性优化运行模型中的约束条件与灵活性指标模型的约束条件类似，只不过在灵活性优化模型中，可忽略可中断负荷、区域电网互联以及储能系统的影响。灵活性优化运行模型的灵活性约束条件可以表述如下。

（1）时间尺度。灵活性优化运行模型的时间尺度需与灵活性指标模型的时间尺度对应，但由于优化运行是主动行为，并且将在未来某一段时间内保持这样的状态，故在衡量系统灵活性时，可以选取较长的时间尺度下的灵活性指标，则有：

$$\Delta t = \{10\text{min}, 30\text{min}\} \tag{6-68}$$

（2）火电机组出力约束。火电机组的出力约束与灵活性指标模型中的描述一致，有：

$$\max\{P_{\mathrm{G}i,\min}, P_{\mathrm{G}i,0} - r_{\mathrm{d}i} \cdot \Delta t\} \leqslant P_{\mathrm{G}i} \leqslant \min\{P_{\mathrm{G}i,\max}, P_{\mathrm{G}i,0} + r_{\mathrm{u}i} \cdot \Delta t\} \tag{6-69}$$

式中，$P_{\mathrm{G}i}$ 为火电机组 i 的有功出力；$P_{\mathrm{G}i,0}$、$P_{\mathrm{G}i,\max}$、$P_{\mathrm{G}i,\min}$ 分别为火电机组 i 的当前出力以及其出力的上下限；$r_{\mathrm{u}i}$、$r_{\mathrm{d}i}$ 分别为火电机组 i 的向上和向下的爬坡速率。

（3）水电机组出力约束。在灵活性优化运行问题中，水电机组的出力约束受到了多种因素的影响，例如上下游水头、耗水量等问题的综合影响，使其出力约束限制的量化变得复杂，为简化问题，直接采用该时段水电机组出力上下限约束的折算值，则有：

$$\max\{P_{\mathrm{PG}i,\min}, P_{\mathrm{PG}i,0} - r_{\mathrm{Pd}i} \cdot \Delta t\} \leqslant P_{\mathrm{PG}i} \leqslant \min\{P_{\mathrm{PG}i,\max}, P_{\mathrm{PG}i,0} + r_{\mathrm{Pu}i} \cdot \Delta t\} \tag{6-70}$$

式中，$P_{\mathrm{PG}i}$ 为抽水电机组 i 出力；$P_{\mathrm{PG}i,\max}$、$P_{\mathrm{PG}i,\min}$ 分别为水电机组 i 经过折算后所允许的出力上限；$P_{\mathrm{PG}i,0}$ 为水电机组 i 的当前出力；$r_{\mathrm{Pu}i}$、$r_{\mathrm{Pd}i}$ 分别为抽水蓄能电站的向上和向下的爬坡速率。

上述三种约束条件是灵活性优化运行问题中的灵活性约束，其本质与灵活性指标模型一致，而灵活性优化运行问题中的传统约束与灵活性指标模型中的完全一样，在此不再赘述。

通过目标函数和约束条件，灵活性优化运行的数学模型可描述为[22]：

$$\text{Obj}\begin{cases} \min f_1 = \sum_{i=1}^{N_{\mathrm{G}}} a_i P_{\mathrm{G}i}^2 + b_i P_{\mathrm{G}i} + c_i \\ \min f_2 = \sqrt{O_+^2 + O_-^2} \end{cases}$$

$$
\text{s. t.}\begin{cases}
P_{Gk}-P_{Lk}-\Delta P_{wk}-V_k\sum\limits_{j\in k}V_j(G_{kj}\cos\theta_{kj}+B_{kj}\sin\theta_{kj})=0\\
Q_{Gk}-Q_{Lk}-\Delta Q_{wk}-V_k\sum\limits_{j\in k}V_j(G_{kj}\sin\theta_{kj}-B_{kj}\cos\theta_{kj})=0\\
P_{Gk}-P_{Lk}-V_k\sum\limits_{j\in k}V_j(G_{kj}\cos\theta_{kj}+B_{kj}\sin\theta_{kj})=0\\
Q_{Gk}-Q_{Lk}-V_k\sum\limits_{j\in k}V_j(G_{kj}\sin\theta_{kj}-B_{kj}\cos\theta_{kj})=0\\
V_k^{\min}\leqslant V_k\leqslant V_k^{\max}\\
P_l\leqslant\alpha P_l^{\max}\\
0\leqslant\Delta P_{wi}\leqslant\Delta P_{GB}\\
\Delta t=\{10\text{mins},\ 30\text{mins}\}\\
\max\{P_{Gi,\min},\ P_{Gi,0}-r_{di}\cdot\Delta t\}\leqslant P_{Gi}\leqslant\min\{P_{Gi,\max},\ P_{Gi,0}+r_{ui}\cdot\Delta t\}\\
\max\{P_{PGi,\min},\ P_{PGi,0}-r_{Pdi}\cdot\Delta t\}\leqslant P_{PGi}\leqslant\min\{P_{PGi,\max},\ P_{PGi,0}+r_{Pui}\cdot\Delta t\}
\end{cases}
\tag{6-71}
$$

6.4.2 多目标问题的最优解集

对于多目标的问题，经常需要协调统一各个目标。因为某一个目标的优化往往会造成其他目标结果的降低，难以实现全部目标函数的最优性能。所以对于这类问题，我们需要考虑每个目标的结果，尝试得到一个可以让每一个目标都达到最优的解决方案，尽量实现所有目标达到最优。对于工程实践中的多目标优化问题，有必要根据实际情况，从最优解集中选择一些比较贴合实际的解来进行应用。

多目标问题是一个较为复杂的问题，其基本形式可以描述为[23]：

$$
\begin{aligned}
&\min f_i(\boldsymbol{Y}),\ i=1,\ 2,\ \cdots,\ m\\
&\text{s. t.}\begin{cases}g_j(\boldsymbol{Y})=0, & j=1,\ 2,\ \cdots,\ p\\ h_k(\boldsymbol{Y})\leqslant 0, & k=1,\ 2,\ \cdots,\ q\end{cases}
\end{aligned}
\tag{6-72}
$$

式中，$f_i(\boldsymbol{Y})$ 为第 i 个目标函数；$\boldsymbol{Y}$ 为 N 维决策向量；m 为目标函数个数；$g_j(\boldsymbol{Y})$ 和 $h_k(\boldsymbol{Y})$ 分别为优化问题中的等式约束和不等式约束。

在实际问题中，由于各个目标函数之间可能存在一定的关联，而这种关联式未知的，可能会造成某些目标函数之间的冲突，使得整个优化问题不存在唯一的最优解，因此，多目标问题就是寻找一个折中最优的解集，即能在某一个或多个目标函数达到最优时，使其他目标函数的值不至于过度劣化的解，该解可称为非劣解。非劣解又叫非受支配解，意思是该解并不会被其解集内的任意解所支配。多目标算法的本质就是搜索每一代个体当前的最优解，然后将所有搜索到的非劣解进行集合组成一个解集，随后通过各种遗传操作对该解集进行优化，使其不断地逼近最优解，而最终算法的输出结果即为最优非劣解集。

在数学上，对于两个决策向量 $\boldsymbol{Y}_1$ 和 $\boldsymbol{Y}_2$，若存在 $f_i(\boldsymbol{Y}_1) \leqslant f_i(\boldsymbol{Y}_2)(i=1, 2, \cdots, m)$，且至少存在 1 个 i 使 $f_i(\boldsymbol{Y}_1) \leqslant f_i(\boldsymbol{Y}_2)$ 成立，则称为 $\boldsymbol{Y}_1$ 占优，也称 $\boldsymbol{Y}_1$ 支配 $\boldsymbol{Y}_2$，若搜索空间中不存在其他解 $\boldsymbol{Y}^*$ 使 $\boldsymbol{Y}^*$ 支配 $\boldsymbol{Y}_1$，则称 $\boldsymbol{Y}_1$ 为 Pareto 最优解或 Pareto 非劣解。由所有 Pareto 最优解组成的集合称为多目标优化问题的 Pareto 最优解集，同时可以找到 Pareto 的最优前沿。

6.4.3 基于 MOPSP 的模型求解

粒子群优化（Particle Swarm Optimization，PSO）算法是由 Kennedy 和 Eberhart 首先提出的一种自启发式算法，采用“种群”和“进化”的思想，通过模拟个体之间的协作与竞争，实现在复杂空间的快速搜索功能。相比于其他进化算法，PSO 算法在搜索空间中并不是针对个体进行进化算子操作，而是根据个体表现出来的特性，更新其在解空间的速度和方向，使每个个体均向其最佳位置和邻域历史最佳位置聚集。PSO 算法具有良好的生物社会背景，其易于理解、优化参数较少、程序易实现的优点在优化问题中备受青睐。此外，多目标粒子群（Multi-objective Particle Swarm Optimization，MOPSO）算法结合了多目标问题的基本特点，以 PSO 算法的本质为基础，使其得到了更为广泛的应用。

PSO 算法中，假设搜索空间的维度为 M，对于第 i 个粒子，其速度 V_i 和位置 X_i 也是 M 维向量，它们是 PSO 算法中最为重要的两个参数之一，涉及个体本身和群体的整个进化过程，则其更新公式分别为

$$V_i(n+1) = wV_i(n) + c_1 r_1 [P_{i,\mathrm{best}}(n) - X_i(n)] + c_2 r_2 [G_{\mathrm{best}}(n) - X_i(n)] \tag{6-73}$$

$$X_i(n+1) = X_i(n) + V_i(n+1) \tag{6-74}$$

式中，n 为迭代次数；w 为惯性权重；c_1 和 c_2 为学习因子；r_1 和 r_2 为［0，1］范围内的均匀随机数；$P_{i,\mathrm{best}}$ 为粒子 i 的个体历史最优位置；G_{best} 为整个粒子群体的历史最优位置；$P_{i,\mathrm{best}}$ 和 G_{best} 均是 M 维向量。

需要指出的是，式（6-73）中等号右边部分由三部分组成，分别反映了粒子运动的“惯性”“认知”和“社会”特性，在整个粒子群体中，分别代表粒子保持自身运动趋势的能力、粒子趋向个体历史最佳位置的能力和粒子趋向群体最佳位置的能力[24]。

在 MOPSO 算法中有三个重要问题需要考虑，分别是个体最优位置 P_{best} 的确定与更新，全局最优位置 P_{best} 的确定与更新，拥挤距离计算。其中，P_{best} 和 P_{best} 涉及 PSO 本身的核心算法，而拥挤距离计算则涉及 Pareto 最优前沿的分布情况。

对于个体最优位置 P_{best} 的确定与更新，利用 Pareto 支配关系确定个体最优位置及其更新，并在出现互不支配关系时引入等概率的随机选择制度。若当前粒子支配 P_{best}，则将 P_{best} 更新为当前粒子位置，否则 P_{best} 保持不变；若当前粒子与 P_{best} 互不支配，则等概率地随机选择更新或不更新 P_{best} 的粒子位置。随机选择可以保证在算法后期粒子个体最优位置的更新频率，同时随机选择也可以避免最终的 Pareto 最优前沿的粒子位置过度集中。

拥挤距离是 Pareto 最优前沿的重要筛选原则之一，因此，在考虑全局最优位置的确定与更新方式之前，有必要说明拥挤距离的相关问题。拥挤距离是 Pareto 最优解的重要特征之一，它表现了 Pareto 最优解的稀疏度，对于个体而言，其拥挤距离越大，说明所处的区域越稀疏，该个体在种群中的价值越高，在迭代进化过程中不应该被裁剪。关于拥挤距离的计算，可以采用文献［25］中的方法计算 Pareto 最优解集中每个粒子的拥挤距离。

假设 A、B、C 为最优解集中前后相邻的三个粒子，$f_i(A)$、$f_i(B)$、$f_i(C)$ 分别为 A、B、C 的第 i 个目标函数值，则粒子 B 的拥挤距离为

$$
\begin{aligned}
D_c(B) &= \sum_{i=1}^{m} \left[|f_i(A) - f_i(C)| - |f_i(B) - f_i(O)| \right] \\
&= \sum_{i=1}^{m} \left\{ 0.5 |f_i(A) - f_i(C)| + \min\left[|f_i(A) - f_i(B)|,\ |f_i(B) - f_i(O)| \right] \right\}
\end{aligned}
\tag{6-75}
$$

式中，O 为粒子 A 和 C 的中心点，即领域中心；$f_i(O)$ 为领域中心 O 的第 i 个目标函数值。

式（6-75）能综合反映粒子 B 的稀疏度与其领域的关系以及分布均匀程度。

对于全局最优位置 G_{best} 的确定与更新，可以采用 MOPSO 算法中常用的方法，即将已经找到的 Pareto 最优解存储于固定长度为 N 的外部存档集合。首先，随机从该外部存档集合中选取一个粒子作为全局最优位置 G_{best}，并利用 P_{best} 和 G_{best} 进行新的迭代计算，然后将迭代计算出来的新种群的 Pareto 最优解并入外部存档集合中形成新的 Pareto 最优解集合，利用粒子之间的支配关系计算该新集合中的 Pareto 最优解集，最后依据上文所述的拥挤距离进行裁剪，保留最优的 N 个解。

MOPSO 与其他自启发式算法类似，由于其全局搜索速度较快，搜索的范围会受到一定影响；同时，因为算本身的原因，MOPSO 容易陷入局部最优解内循环，所以设置 MOPSO 的自逃离过程。自逃离过程通过小概率的变异机制来实现，并设置变异的最大范围，以增强算法的全局搜索能力而又不会过度地影响算法的搜索速度。综上所述，MOPSO 的算法流程如图 6-4 所示。

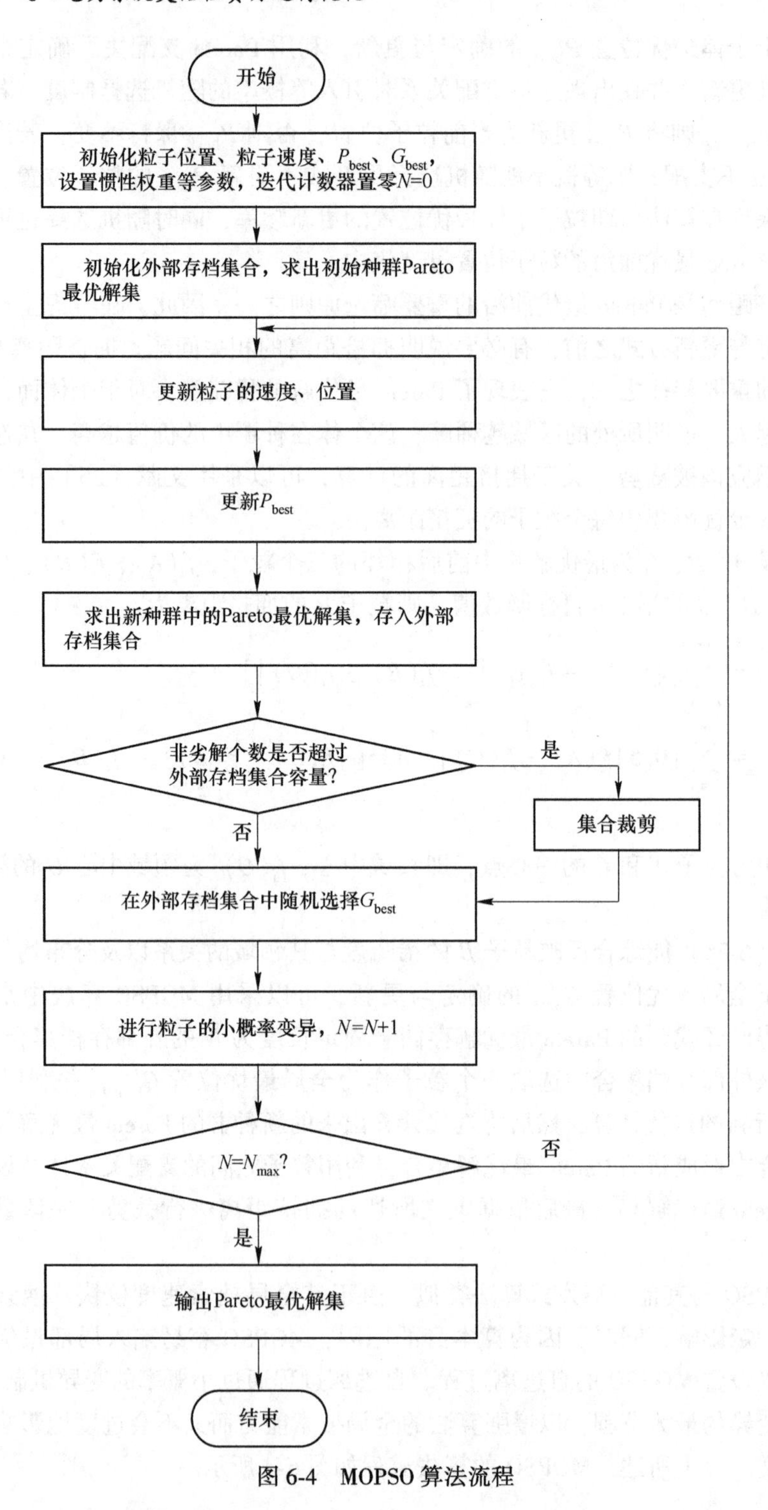

图 6-4 MOPSO 算法流程

对于式（6-71）中所述的模型，种群中的个体粒子为各有效机组的有功出力；约束条件方面，机组有功出力的上下限约束可以通过已知的机组参数直接折算，而非线性约束条件的实现通过目标函数的赋值来实现，以线路潮流约束为例，若当前机组出力的状态下，有线路潮流约束不满足条件，则对式（6-71）中的 f_1 赋一个相对较大的值，使其值远大于其他状态下的 f_1；类似地，可对 f_2 赋一个相对较小的值。如此，对于不满足潮流约束的粒子，其总处于被其他粒子支配的状态。

6.5 案例分析

如何在不同灵活性需求下给出最佳调度方案，6.2 节提出了基于灵活性改善电力系统均匀程度的调度策略。本节延续该思路方法，构建以下算例对其进一步分析说明。将 IEEE 30 节点测试系统 3 号母线上的机组修改为风电场，如图 6-5 所示，所使用机组参数见表 6-1。

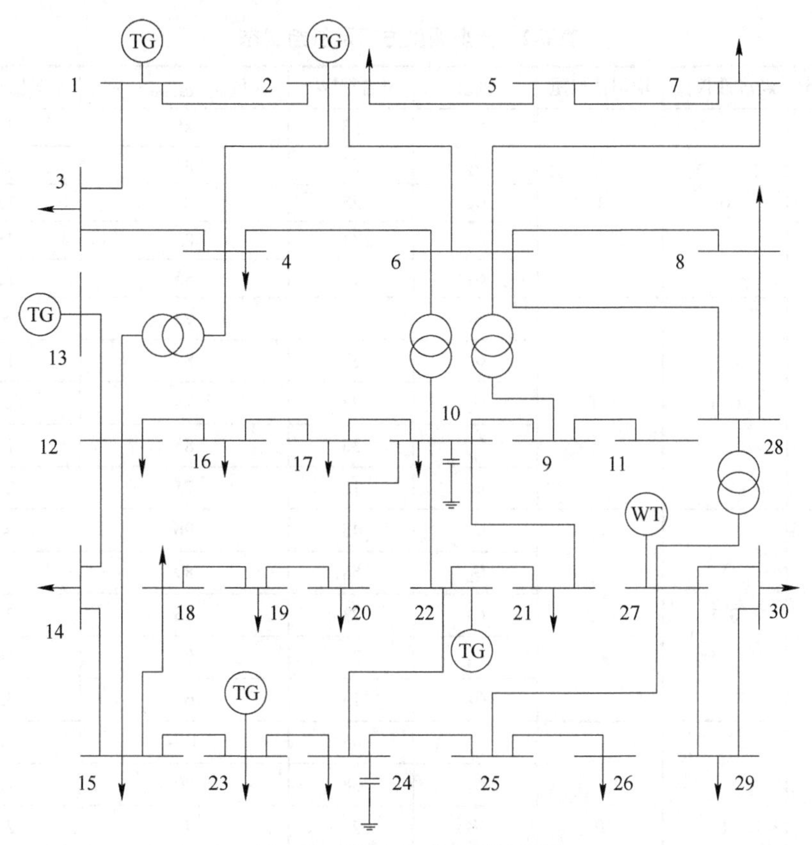

图 6-5 IEEE 30 节点测试系统

对建立的调度模型式（6-34）~式（6-46）线性加权转化为单目标优化问题

表 6-1 电源参数

母线	类 型	P_{max}/MW	P_{min}/MW	爬坡率/MW · min^{-1}
1	灵活性机组	45	10	0. 45
2	灵活性机组	65	30	0. 65
13	灵活性机组	30	10	0. 3
22	灵活性机组	40	10	0. 4
23	灵活性机组	20	0	0. 2
3	风电场	30	0	—

后采用原对偶内点法进行求解，求解出的多组非劣解形成调度方案集。根据调度模型确定调度方案集中各方案的经济性以及均匀性侧重点不同。在此选取 4 种典型调度方案作为计算场景，各典型场景中机组的输出功率、利用率、爬坡时间裕度 T_{mort}^{up} 如表 6-2 所示。

表 6-2 典型调度方案及机组状态

调度方案	经济性权重	均匀性权重	机组	P_{Gk}/MW	$(P_{Gk}/P_{Gk,max})$/%	T_{mort}^{up}/min
case 1	0	1	G_1	38	85	15
			G_2	55	85	15
			G_3	25	85	15
			G_4	34	85	15
			G_5	17	85	15
case 2	0. 4	0. 6	G_1	42	92	8
			G_2	57	88	12
			G_3	23	78	22
			G_4	33	83	17
			G_5	15	75	25
case 3	0. 7	0. 3	G_1	43	96	4
			G_2	58	89	11
			G_3	23	76	24
			G_4	33	82	18
			G_5	13	67	33
case 4	1	0	G_1	45	100	0
			G_2	58	90	10
			G_3	22	75	25
			G_4	33	82	18
			G_5	11	57	43

针对以上调度方案，分析系统中灵活性机组的向上爬坡速率与持续爬坡时间，结果如图 6-6 所示。

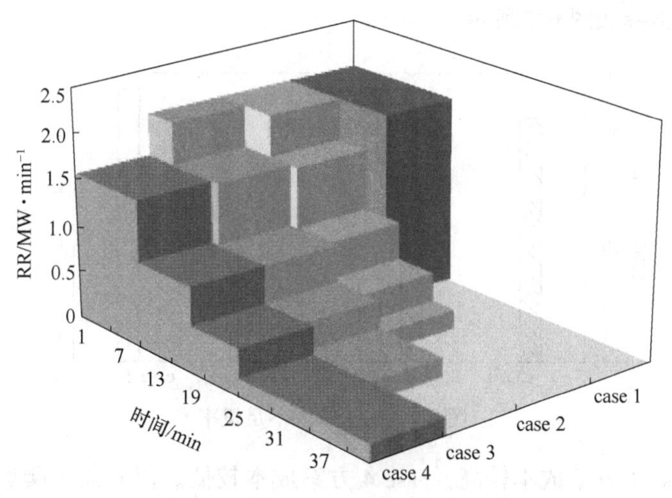

图 6-6 机组爬坡特性

4 种调度方案机组爬坡能力相同，但爬坡时间存在较大的差异。case 1 仅以 T_{mort}^{up} 的均匀性为目标，各机组在 15min 内均能爬坡；case 4 中仅以经济性为优化目标，1 号母线上的机组率先到达约束边界，故该调度方案在初始时刻的爬坡速度明显低于其他调度方案，但机组可持续爬坡时间较长。4 种方案下爬坡阶梯的截面积相同，意味着机组所能提供的爬坡能力均为 30MW。case 1 方案在 15min 时爬坡能力为 30MW，而 case 4 方案在 43min 时爬坡能力为 30MW，由此可见，在高比例可再生能源接入的电网中，计及机组爬坡时间以及容量的调度策略是解决可再生能源并网问题的关键之一。

各场景下机组发电成本以及爬坡特性见表 6-3。

表 6-3 发电成本与旋备容量

调度方案	T_{mort}^{up} 标准差	成本/USD · h^{-1}	15min 时的旋转备用容量/MW
case 1	0	503. 27	30
case 2	6. 25	501. 26	25
case 3	10. 23	500. 67	22
case 4	14. 53	500. 47	20

本算例中各机组发电成本以及机组间功率置换量相差较小，故表 6-3 中 case 1~case 4 系统总发电成本差异不明显。但两方案中各机组爬坡时间裕度标准差的差异性显著，在 15min 时所提供的爬坡能力提高 10MW。case 1 方案在 15min 时可提供 30MW 的灵活性容量，有利于电网应对功率陡升事件，降低机组爬坡不足

概率。以爬坡时间需求 15min 为例，假设下一时刻风电功率预测服从正态分布，以爬坡不足概率以及发电成本为评价指标，4 种场景中机组向上爬坡不足概率以及发电成本指标如图 6-7 所示。

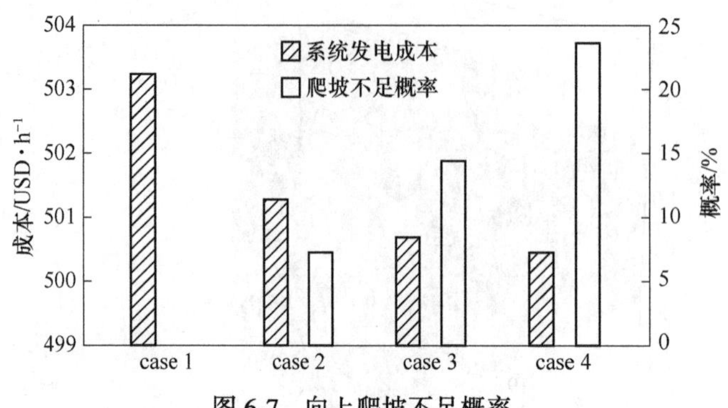

图 6-7 向上爬坡不足概率

图中 case 1 方案成本较高，case 4 方案成本较低。但 case 1 爬坡不足概率为 0，优于 case 4 方案，这主要是由部分机组接近满功率输出状态，预留给机组的爬坡时间不足造成的。在相同时间内机组的爬坡能力与灵活性成正相关，与爬坡不足概率负相关。向上爬坡能力计算方法如下：

$$C_{\mathrm{src},\,t}^{\mathrm{up}} = \int_{0}^{t} R_{\mathrm{G}k}^{\mathrm{up}} \mathrm{d}t (0 \leqslant t \leqslant T_{\mathrm{mort}}^{\mathrm{up}}) \tag{6-76}$$

式中，$C_{\mathrm{src},t}^{\mathrm{up}}$ 为 t 时刻机组正旋备容量，该指标可衡量系统爬坡能力。

针对典型调度方案应用第 4 节中灵活性评估模型，在多时间尺度内评估电网的灵活性指标、挖掘机组的灵活性，形成具有“卡尺”功能的灵活性评价图，如图 6-8 所示，当向上灵活性需求定位点位于 case 1 所围成的区域外时将出现切负荷。

图 6-8 中曲线分别代表各调度方案在多时间尺度下的提供的灵活性。case 1 方案可在 15min 内持续爬坡，故灵活容量随时间线性增长，而其他调度方案由于在部分时段机组处于功率约束边界，爬坡时间裕度不同导致灵活性指标分段线性增长。

根据短期预测数据分析灵活性需求，以灵活性时间需求确定横坐标最小值，以纵轴灵活性容量约束确定纵坐标最小值，即可确定待选调度方案集。如 A、B、C、D 分别表示不同的调度方案。以灵活性时间需求为 15min，功率需求期望 15MW 且向上灵活性为例，4 种调度方案的灵活性供给能力不同，在经济上存在差异。case 1 中 $T_{\mathrm{mort}}^{\mathrm{up}}$ 指标处于均匀状态，15min 时系统所具有的灵活性容量已经达到峰值 30MW；case 4 中系统处于最优经济状态，在 15min 时仅具有 20MW 的灵活性供给能力，在 43min 时具有 30MW 的供给能力。考虑灵活性容量需求的概率特征，假设服从正态分布，计算多时间尺度下各调度方案的灵活性不足概率，结果如图 6-9 所示。

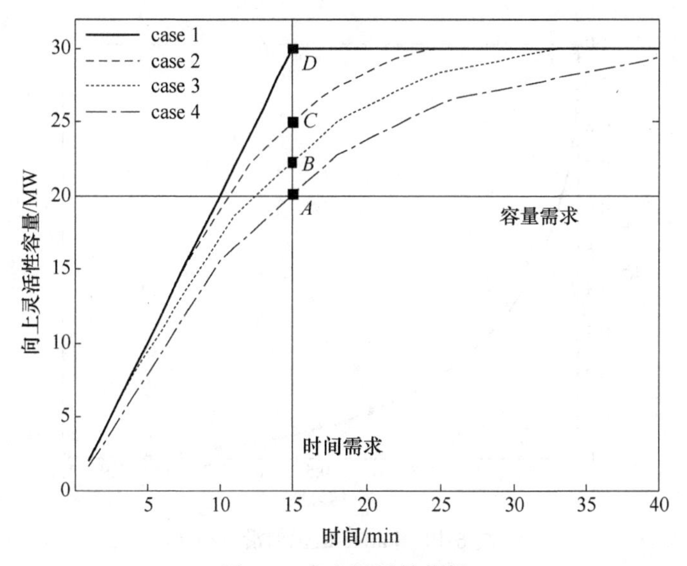

图 6-8 向上灵活性指标

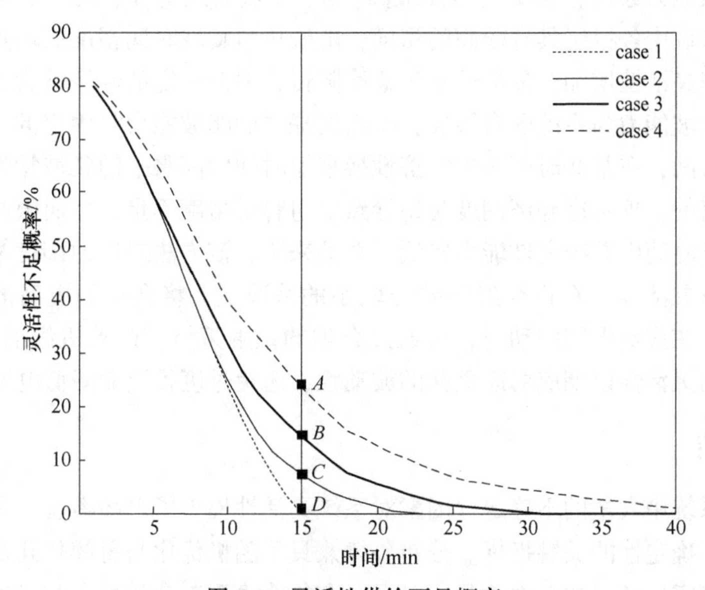

图 6-9 灵活性供给不足概率

由图 6-9 可见，在 15min 时灵活性供给不足概率差异化显著，case 1 方案的灵活性不足概率为 0，case 4 方案的灵活性不足概率为 23.62%。当灵活性供给时间低于 5min 时以及高于 30min 时，灵活性供给不足概率相差较小，在图 6-8 中反映为灵活性供给容量差异较小。可通过灵活性不足概率选取相应的调度方案。此外各调度方案的经济性与 T_{mort}^{up} 均匀性的 Pareto 前沿分布如图 6-10 所示。

图 6-10 中，*A* 点所在的调度方案为最优经济；*D* 点调度方案为最优均匀性，

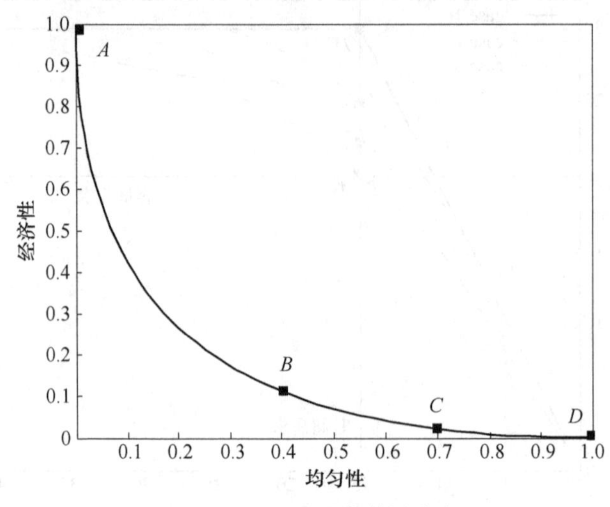

图 6-10 Pareto 最优前沿分布

即机组爬坡能力最优，系统灵活性最高；*B*、*C* 点的经济性、均匀性则居中。均匀性使得系统中各机组具有较高的裕度，随着机组爬坡时间裕度的增加，系统的爬坡能力与灵活性增加，灵活性不足概率降低，但需一定的经济性为支撑。灵活性机组的爬坡能力为系统固有属性，机组所提供的爬坡能力是固定的，但具有不同的响应时间，在某些时刻牺牲经济性换来短时间内高水平的爬坡特性以及灵活性是有价值的。仅考虑经济调度时易导致机组容量裕度不足，从而限制机组向上爬坡，单位时间内系统爬坡能力较低。总的来说，该方法提出的调度策略实质为经济性换取灵活性，在机组经济差异较小的情况下，将会得到更高的灵活性回报。因此，在应对电网波动时，可通过合理的调度策略，改善机组的运行状态，提高系统的灵活性以期应对净负荷的波动性，避免过度投资而降低电网经济性。

6.6 小结

电力系统中大量的不确定性因素对系统灵活性提出了严峻考验，灵活性则是应对系统不确定性的关键指标。分布鲁棒兼具了随机优化与鲁棒优化的优势，成为处理不确定性变量的有力工具，基于分布鲁棒模型制定的发电和备用计划可以保证电力系统的安全可靠运行。计及系统灵活性需求，在经济调度模型的基础上融入均匀性理论，可以得到经济灵活的调度方案。依据不同类型的资源特性，研究灵活性资源的优化调度问题，可以充分发挥灵活性资源的调节作用，提升系统灵活性。应用 MOPSO 方法处理兼顾系统灵活性和经济性的多目标优化模型，获得 Pareto 最优前沿分布，可指导经济性和灵活性处于预期的限值之内，从而保证电力系统灵活而经济地运行。

参考文献

[1] Xu Xiaoyuan, Yan Zheng, Shahidehpour M, et al. Data-driven risk-averse two-stage optimal stochastic scheduling of energy and reserve with correlated wind power[J]. IEEE Transactions on Sustainable Energy, 2020, 11(1): 436-447.

[2] 税月，刘俊勇，高红均，等．考虑风电不确定性的电气能源系统两阶段分布鲁棒协同调度 [J]. 电力系统自动化，2018，42(13)：49-56，81.

[3] Zara A, Chung C Y, Zhan Junpeng, et al. A distributionally robust chance-constrained MILP model for multistage distribution system planning with uncertain renewables and loads[J]. IEEE Transactions on Power Systems, 2018, 33(5): 5248-5262.

[4] Bahramara S, Sheikhahmadi P, Golpir H. Co-optimization of energy and reserve in standalone micro-grid considering uncertainties[J]. Energy, 2019, 176(1): 792-804.

[5] Yao Li, Wang Xiuli, Duan Chao. Data-driven distributionally robust reserve and energy scheduling over Wasserstein balls[J]. IET Generation Transmission & Distribution, 2018, 12(1): 178-189.

[6] 杨策，孙伟卿，韩冬，等．考虑风电出力不确定的分布鲁棒经济调度 [J]. 电网技术，2020，44(10)：3649-3655.

[7] Anthony P, Mou X, Léopold C, et al. Application of stochastic dual dynamic programming to the real-time dispatch of storage under renewable supply uncertainty[J]. IEEE Transactions on Sustainable Energy, 2018, 9(2): 547-558.

[8] Zou Jikai, Shabbir A, Sun X A. Multistage stochastic unit commitment using stochastic dual dynamic integer programming[J]. IEEE Transactions on Power System, 2019, 34(3): 1814-1823.

[9] 刘纯，马烁，董存，等．欧洲 3·20 日食对含大规模光伏发电的电网运行影响及启示 [J]. 电网技术，2015，39(7)：1765-1772.

[10] Ulbig A, Andersson G. Analyzing operational flexibility of electric power systems[C]. Power Systems Computation Conference. Wroclaw, Poland: IEEE, 2014: 1-8.

[11] 孙伟卿，田坤鹏，谈一鸣，等．考虑灵活性需求时空特性的电网调度计划与评价 [J]. 电力自动化设备，2018，38(7)：168-174.

[12] 肖定垚，王承民，曾平良，等．考虑可再生能源电源功率不确定性的电源灵活性评价 [J]. 电力自动化设备，2015，35(7)：120-125.

[13] 丁明，楚明娟，毕锐，等．基于序贯蒙特卡洛随机生产模拟的风电接纳能力评价方法及应用 [J]. 电力自动化设备，2016，36(9)：67-73.

[14] Hetzer J, Yu D C, Bhattarai K. An economic dispatch model incorporating wind power[J]. IEEE Transactions on Energy Conversion, 2008, 23(2): 603-611.

[15] 肖创英，汪宁渤，陟晶，等．甘肃酒泉风电出力特性分析 [J]. 电力系统自动化，2010，34(17)：64-67.

[16] 黄燕燕．含风能电网多目标优化调度研究 [D]. 南昌：华东交通大学，2012.

[17] 王建学，王锡凡，张显，等．电力市场和过渡期电力系统可中断负荷管理（一）——可

中断负荷成本效益分析 [J]. 电力自动化设备，2004，24(5)：15-19.

[18] 王建学，王锡凡，张显，等. 电力市场和过渡期电力系统可中断负荷管理（二）——可中断负荷运营 [J]. 电力自动化设备，2004，24(6)：1-5.

[19] 孙伟卿，王承民，曾平良，等. 基于线性优化的电动汽车换电站最优充放电策略 [J]. 电力系统自动化，2014，38(1)：21-27.

[20] 金虹，衣进. 当前储能市场和储能经济性分析 [J]. 储能科学与技术，2012，1(2)：103-111.

[21] 肖定垚，王承民，曾平良，等. 考虑短时灵活性需求及资源调用成本的灵活性资源优化调度 [J]. 华东电力，2014，42(5)：809-815.

[22] 肖定垚. 含大规模可再生能源的电力系统灵活性评价指标及优化研究 [D]. 上海：上海交通大学，2015.

[23] Peng C, Sun H, Guo J. Multi-objective optimal PMU placement using a non-dominated sorting differential evolution algorithm[J]. International Journal of Electrical Power & Energy Systems, 2010, 32(8): 886-892.

[24] 周刘喜，张兴华，李纬. 基于多目标粒子群优化算法的输电网规划 [J]. 南京工业大学学报（自然科学版），2008，30(5)：33-37.

[25] 彭春华，孙惠娟. 基于非劣排序微分进化的多目标优化发电调度 [J]. 中国电机工程学报，2009(34)：71-76.

7 结　　论

在化石能源枯竭的预期判断和气候变化的现实威胁下，实现全社会的低碳化转型成为能源发展的核心动力，在双碳目标的导向下，大力发展可再生能源成为近乎唯一的选择。国外实践已经证实了高比例可再生能源电力系统是实现绿色低碳的可行之路，对中国而言，在经济增速换挡、资源环境约束趋紧的新常态下，非化石能源将逐步成为能源需求增量的供应主体。未来较长时期，中国能源基本格局将从“以煤炭为主体、电力为中心、油气和新能源全面发展”，逐渐过渡到以非化石能源为主体。因此，建设以新能源为主体的新型电力系统，既是能源电力转型的必然要求，也是实现碳达峰、碳中和目标的重要途径。

在构建新型电力系统的愿景中，风电和光伏发电将成为电力供应的重要支柱，其出力的随机性和波动性，导致电力系统本征特性改变，灵活性成为电力供需平衡的核心特征和电力系统关键性能指标的新主张。“基荷”发电厂基本消失，常规火电机组在日内快速启停，并通过水电厂、燃气电厂、储能等灵活资源调节弥补可再生能源随机波动性。电网互联互济和柔性输电技术促进可再生能源消纳，需求侧管理在电力市场建构下可以有效削峰填谷，微电网和电动汽车蕴含巨大的调节潜力。在风电、光伏等波动电源主导的未来电力系统中，实现供需平衡需要众多灵活性资源的有力支撑。在现有研究体系中，安全、可靠和经济 3 项指标很好地构建了量化指标体系，但灵活性长期停留在定性描述的层面。好的灵活性量化评价方法可以依据多类型不确定性和不同特性的灵活性资源发现系统灵活性不足的关键薄弱环节，而发挥灵活性资源优势，满足系统灵活性实时平衡。新型电力系统下，高比例可再生能源电力系统规划面临规划框架调整、方法升级和内涵扩充的变革，以反映从电源跟随负荷到源网荷广泛互动的运行机制的转变，最终实现源侧配置充裕灵活性资源，网侧构建灵活性支撑平台，并涵盖储能配置等新形式的要求。此外，不确定电源主导下的电力系统运行特性更加复杂多变，基于确定性方法的调度运行体系难以应对可再生能源带来对高不确定性与强波动性的变革需求，亟待基于灵活性概念特征，充分挖掘各环节调节潜力，实现多时空尺度下的多能互补和交直协调，以提升可再生能源的消纳能力，确保系统灵活运行。

释放和提高电力系统灵活性是可再生能源电力优先健康发展的前提条件，是促进传统电力系统向清洁低碳、灵活高效转型的基本保障，是构建新型电力系统的必然要求，也是未来电力系统变革和能源革命的严峻考验。灵活性已经成为未来电力转型的关键词，涉及电力生产的方方面面，具有相当广阔的研究空间。目前学术上关于灵活性定量定义、评估方法、灵活性专项规划和基于灵活性的优化运行等方面的研究都有了很大的进展，现实中火电灵活性改造、热电联产等有关提升系统灵活性的举措也取得了良好成效。但有关灵活性的研究不应止步于此，有必要对灵活性开展更进一步的专项研究，研究建议如下：

（1）广义灵活性资源的潜力挖掘。灵活性资源作为电力系统灵活性供给的提供者，其数目种类和响应方式仍在不断发展更新。理论上，电力系统运行过程中所有可调度的资源均可以成为灵活性资源；实际上，灵活性资源广泛存在于电力系统源网荷的各个环节，目前以电源侧供应为主体，电网侧和需求侧潜力尚未真正有效发挥，电力市场机制尚未完善。因此，有必要在提出的灵活性供需平衡机理的基础上对灵活性资源定义进行扩展，充分挖掘电力设备的灵活调节潜力，开展广义灵活性资源的相关研究，进一步释放电力系统的灵活性。

（2）计及源网荷储的电力系统灵活性资源优化配置。为了有效匹配可再生能源电源的随机、波动特性，电力系统运行机制将由“源随荷动”向“源网荷储广泛互动”进行转变，基于电量平衡和预留备用裕度的发电计划难以有效应对日益增多的灵活性需求，需要优化整合灵活性资源，探索源网荷储高度融合的电力系统发展路径，统筹安排源网荷储各环节的运行策略，充分发挥各类资源特点，以灵活高效的方式共同推动系统优化运行，促进新能源的有效消纳和主体地位的进一步确立，打造灵活高效、友好互动的电力网络。

（3）利用市场激励多元主体释放灵活调节潜力。市场机制和相关激励机制缺失导致各类经济主体丧失了提供灵活性资源的积极性，成为限制电力系统灵活性的重要原因之一。为了体现灵活性资源价值，需要开发和健全辅助服务产品类型，设计合理有效的激励机制以确保系统灵活性资源的充裕。一个主体多元、竞争有序的电力交易格局能够进一步激发灵活性资源的调节潜力，拓展电力资源优化的广度，对释放和提升新型电力系统灵活性具有莫大的帮助。